KENNEN & PFLEGEN

Wolfgang Schmidt
Friedrich Wilhelm Henkel

Terrarientiere

124 Farbfotos
34 Zeichnungen

E.U.
VERLAG
EUGEN
ULMER

Die Deutsche Bibliothek – CIP-Einheitsaufnahme

Terrarientiere: / Wolfgang Schmidt ; Friedrich Henkel. -
Stuttgart (Hohenheim) : Ulmer, 1998
(Kennen & Pflegen)
ISBN 3-8001-7374-3

Wollgrasweg 41, 70599 Stuttgart (Hohenheim)
Printed in Italy
Einbandgestaltung: A. Krugmann, Freiberg a. Neckar
Lektorat: Michael Kokoscha
Herstellung und DTP: Gabriele Wieczorek
Druck und Bindung: Manfrini R. Arti Grafiche Vallagarina S.p.A.

Vorwort

Die Terraristik hat sich gerade in der letzten Zeit zu einem großen und vielseitigen Betätigungsfeld entwickelt, das dem interessierten Liebhaber zahllose Möglichkeiten bietet, sich einmal mit der Natur oder – genauer gesagt – mit seinem Pflegling zu beschäftigen. Verantwortungsbewußtsein und die Liebe zum Tier sind dabei unabdingbare Voraussetzungen für seine erfolgreiche Haltung im Terrarium. Nur wer sich dieser Aufgabe ernsthaft widmet, wird auch bei der Pflege und Zucht von Terrarientieren eine Menge Freude erleben.

Durch die weltweit immer weiter fortschreitende Biotopzerstörung und das dadurch verursachte Aussterben ganzer Populationen oder gar Arten ist die erfolgreiche Vermehrung unserer Pfleglinge zu einem immer wichtiger werdenden Bestandteil der Terraristik geworden, denn ein Rückgriff auf Wildfänge wird in naher Zukunft oftmals nicht mehr möglich oder erlaubt sein.

Wenn der Entschluß gefaßt ist, sich mit der Pflege von Terrarientieren zu befassen, benötigt man zunächst ein gewisses Grundwissen über die fraglichen Tiere. Dies umfaßt die jeweils erforderliche Behältergröße und -art, die Ernährung, aber auch Aspekte der Terrarientechnik und so weiter. Vor jeder Anschaffung muß sich der Tierhalter in spe daher erst einmal theoretisch mit der Terrarienkunde als solcher beschäftigen. Das bedeutet, daß er Bücher und Fachzeitschriften liest oder Kontakte zu erfahrenen Terrarianern aufnimmt. Hier bietet die Deutsche Gesellschaft für Herpetologie und Terrarienkunde e. V. mit ihren Tagungen ideale Voraussetzungen zum Knüpfen von hilfreichen Kontakten, aber auch für bereits erfahrene Tierpfleger sind der Austausch von Informationen sowie das Zusammenführen von Einzeltieren zu Zuchtgruppen von großer Bedeutung.

Die Frage nach den für die Pflege im Terrarium geeigneten Tieren – mit anderen Worten: »Welche Art ist für mich die richtige?« – läßt sich häufig nicht nur gefühlsmäßig beantworten. Einige Spezies sind sehr empfindlich oder derart pflegeaufwendig, daß sie nur dem wirklich erfahrenen Liebhaber vorhalten bleiben sollten. Ausschlaggebend für die grundsätzliche Auswahl ist zwar oftmals der erste Eindruck, doch sollte man vor der Anschaffung wirklich sorgfältig prüfen, ob man bereit und in der Lage ist, alle Voraussetzungen für eine artgerechte Pflege zu erfüllen.

Dieses Buch soll insbesondere dem Anfänger ein erster und guter Ratgeber sein, aber auch dem erfahrenen Terrarianer helfen, sein Wissen zu vervollständigen.

Unserer Dank gilt all den zahlreichen Fachgenossen, die durch wertvolle Informationen und Erfahrungen sowie durch das Überlassen ihrer Aufnahmen maßgeblich zum Zustandekommen dieses Buches beigetragen haben.

Ganz besonders erwähnt seien folgende, in alphabetischer Reihenfolge genannte Personen:

Peter Hoch, Waldkirch; Markus Juschka, Düsseldorf; Stefan Kallas, Wuppertal; Michael Knöthig, Borken; Rüdiger Lippe, Museum für Naturkunde, Dortmund; Veronika Müller, Soest; Joachim Sameit, Bergkamen; Erwin Schröder, Kiel; Harald Simon, Anröchte; Karl-Friedrich Steffen, Kamen und Rainer Stockey, Hagen.

Ganz besonders bedanken wir uns bei Herrn Dr. Michael Meyer, Herne, für zahlreiche Hinweise und die kritische Durchsicht des Manuskripts.

Bergkamen und Soest, im Oktober 1997

Wolfgang Schmidt

Friedrich Wilhelm Henkel

INHALTSVERZEICHNIS

Die Geschichte der Terraristik

Seit wann Amphibien und Reptilien oder die erst viel später sich großen Interesses erfreuenden Wirbellosen (hauptsächlich Insekten und Spinnentiere) im Terrarium gepflegt werden, ist eine gar nicht so einfach zu beantwortende Frage, da doch entsprechende zeitgeschichtliche Dokumente meistens fehlen. Sicher scheint zu sein, daß der Ursprung der Beziehung des Menschen zu den »Terrarientieren« – insbesondere zu den Reptilien – in einer kultischen Wurzel zu suchen ist.

Ein Beispiel ist die Rolle der Schlange im Sündenfall. Hier wird einem Reptil eine Aufgabe zugedacht, die sowohl als Schuldzuweisung wie auch als Entschuldigung für die Vergänglichkeit des irdischen Lebens dient. Aber auch viele andere mystische Eigenschaften werden den Reptilien und Amphibien zugesprochen. Heute stellen derartige Dinge in unserer Welt jedoch nur geringe, oftmals bedauerliche Randerscheinungen dar.

Die Anfänge der Pflege von Kriechtieren in menschlicher Obhut gehen vermutlich bis ins dritte Jahrtausend vor unserer Zeitrechnung zurück. Es ist jedoch müßig, zu diskutieren, ob nun die im alten Ägypten gehaltenen heiligen Krokodile oder die als Begleiter des Herrschergottes Marduk in Babylon verehrten Warane die ersten Terrarientiere darstellten.

Erst lange Zeit später machten die »Terrarientiere« – einmal abgesehen von irgendwelchen Abenteuergeschichten – wieder von sich reden. Im Zeitalter der Zoogründungen, also zu Beginn des 19. Jahrhunderts, stellte man Amphibien und Reptilien in den damaligen Menagerien aus. Neben einheimischen Arten handelte es sich dabei vor allem um spektakuläre Tiere, wie Riesenschildkröten, Krokodile und Riesenschlangen.

Viele Terrarientiere stammen aus Südostasien. Hier ein Ausschnitt aus dem malaiischen Hochland.

Für den Privatmann blieb es jedoch noch lange Zeit ein geradezu exotisches Hobby, derartige Tiere in einem Terrarium zu pflegen. Nur die Wissenschaft und einige wenige Liebhaber beschäftigten sich bereits vor dem ersten Weltkrieg etwas intensiver mit diesen Tiergruppen.

Das erste Standardwerk zur Terraristik erschien allerdings bereits 1884 von Johann von Fischer: »Das Terrarium – Seine Bepflanzung und Bevölkerung« (ein Nachdruck wurde anläßlich des 25jährigen Bestehens der Deutschen Gesellschaft für Herpetologie und Terrarienkunde e. V. [DGHT] aufgelegt). Schon damals beschreibt der Autor nicht weniger als 77 verschiedene Schildkröten-, 78 Echsen- und Krokodil , 21 Schlangen , 18 Frosch und 11 Schwanzlurcharten, die er selbst während der letzten 20 Jahre gepflegt hatte.

»Doch nicht nur die Arten-, auch die von v. Fischer gepflegten Individuenzahlen waren beeindruckend« , wie Böhme im Geleitwort zum Nachdruck treffend bemerkt und von Fischer weiter zitiert: »Von über 1300 von mir gehaltenen und untersuchten lebenden Chamäleons habe ich 104 verschiedene, durch mannigfaltige Zeichnungen und Schattierungen modifizierte Färbungen aufgezeichnet« . Dabei darf man jedoch nicht vergessen, daß damals die Voraussetzungen zum Erwerb und zur Haltung wildlebender Tiere ungleich günstiger als heute waren, wenn man einmal die modernen technischen Standards außer acht läßt, dafür aber die damals noch weitgehend unbeeinträchtigte Natur und auch das Fehlen gesetzlicher Einschränkungen berücksichtigt.

Für uns heute völlig exotisch sind die damaligen, mit erstaunlichem Aufwand betriebenen Terrarien. So empfahl von Fischer in seinem Werk Terrarien mit Grude-Coke-Heizung: »Diese Art Terrarien, von mir vor mehreren Jahren erfunden, stellen alle übrigen in betreff der Billigkeit des Heizmaterials, Gleichmäßigkeit in der Wärmeentwicklung, Reinlichkeit in der Bedienung, sowie

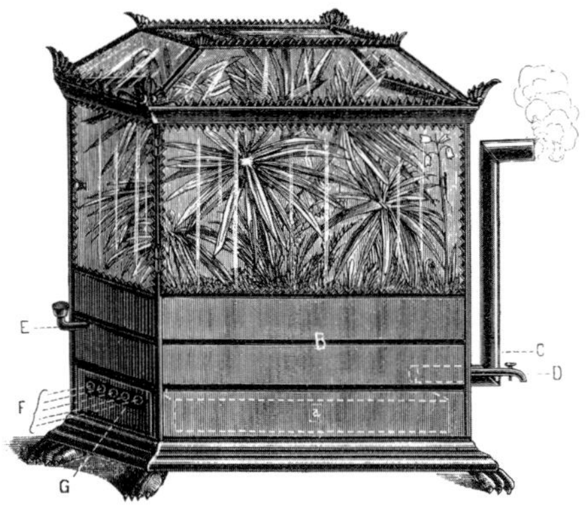

Terrarium mit »Grude-Coke-Heizung«, aus v. Fischer 1884.

absoluter Gefahrlosigkeit der Heizmethode, bedeutend in den Hintergrund...« Wichtigste Grundlage dieses Terrariums war ein »Ofen« im Bodenteil. Den Betrieb der Heizung beschrieb von Fischer wie folgt:

»Um die Heizung in Betrieb zu setzen wird der Kasten a mit Chamottsteinen etwa 2–2 1/2 c hoch ausgelegt, auf welche eine 4–8 c hohe Lage reiner, absolut trockener Holzasche gestreut wird. Auf diese schüttet man eine Schicht der jetzt überall zu habenden Grude-Coke etwa 4–6 c hoch auf, macht in der Nähe der Klappthür G in derselben eine etwa 10 c breite und 4 c tiefe Grube, füllt diese mit stark mit Petroleum durchtränkten Sägespänen, indem man letztere in der Grube zu einem Hügel aufhäuft, dann mit etwas Grude bestreut und namentlich zum Abzugsrohr hin von letzterer einen kleinen Wall bildet, worauf das Ganze angezündet wird.

Nach Verlauf von einiger Zeit, etwa 1–1 1/2 Stunden wird sich die Glut der Grude mitteilen und falls die unter der Grude liegende Holzasche absolut trocken war, und der Heizraum A guten Zug besitzt, ununterbrochen, ohne Gefahr des Verlöschens weiter ausdehnen.

Die Inbrandhaltung der Grude vollzieht sich auf eine sehr einfache Weise. Jeden Morgen bei größeren Terrarien alle 48 Stunden wird die durch das Verbrennen gebildete weiße Asche vermittelst eines Löffels vorsichtig entfernt, bis man auf die in kirschroter Glut noch

Wirbellose stellen nicht immer genügsame Pfleglinge dar.

brennende Grude gestoßen ist, worauf man die entstandene Mulde mit frischer Grude nachfüllt…«

Ihr wahrer Aufschwung und damit ihre allgemeine Verbreitung gelang der Terraristik aber erst nach dem zweiten Weltkrieg. Die Gründe hierfür sind vielfältiger Natur. Neben der ständig wachsenden Freizeit haben sich vor allem die immer günstigeren Importmöglichkeiten – kürzere Transportzeiten und das Erreichen der entlegensten Gebiete dieser Erde –, die sich ständig verbessernde technische Ausstattung und das stetig wachsende Wissen um die Ansprüche der Tiere als sehr förderlich erwiesen. Ferner begünstigt wurde das Hobby dadurch, daß das gesamte benötigte Zubehör, angefangen beim Glas (zumindest für die Glasterrarien) preislich für jedermann erschwinglich wurde.

Leider verfiel auch der Preis einiger Tiere so stark, daß es zu zahlreichen unüberlegten Anschaffungen kam. Man denke nur an die Schwemme der europäischen Landschildkröten in den 70er und 80er Jahr en und dann später an die Flut der kleinen Rotwangen-Schmuckschildkröten, die heute bereits wieder eine gesuchte Art darstellen.

Erst später entwickelten sich neben den Amphibien und Reptilien einige Arten Wirbelloser, anfangs hauptsächlich Schmetterlinge, zu dauerhaften Gästen in unseren Terrarien. Hierfür entscheidend ist sicher, daß die Wirbellosen häufig (aber nicht immer!) recht genügsame Pfleglinge darstellen, die es durchaus vertragen, einige Tage unbeachtet zu bleiben. Ihre Ansprüche sind manchmal sogar derart bescheiden, daß sie sich selbst unter scheinbar ungünstigen Bedingungen leicht pflegen und teilweise vermehren lassen. Tiere einiger Arten lassen sich sogar während eines Kurzurlaubs in einen kühlen Keller stellen und anschließend wieder hervorholen, ohne daß die Tiere Schaden nehmen oder sich jemand um sie kümmern muß.

Heute stellt die Pflege von Terrarientieren, neben der Befriedigung privater Bedürfnisse, auch eine entscheidende Wurzel des herpetologischen Wissensfundus dar, da sich zahlreiche Beobachtungen nur in menschlicher Obhut machen lassen. Das Gebiet interessanter Studien reicht von der Beobachtung des Verhaltens bis zur Untersuchung der oftmals hochkomplizierten Fortpflanzungsbiologie.

Der Ursprung der Terrarientiere

Entstanden sind die vielzelligen Lebewesen vor weit mehr als 560 Millionen Jahren, also in einer Zeit, aus der nur spärliche fossile Zeugnisse erhalten sind. Bereits im Kambrium – also vor 560–450 Millionen Jahren – existierten (wie Versteinerungen beweisen) allerdings schon alle heute noch existierenden Stämme wirbelloser Tiere.

Gliederfüßer

Die Gliederfüßer (Arthropoda) bilden mit rund 975000 Arten – und damit etwa drei Vierteln aller bekannten Spezies – den bei weitem formenreichsten Stamm des Tierreiches. Allein 87 Prozent oder über 850000 Spezies entfallen hiervon auf die Insekten.

Man kann die Gliederfüßer leicht als solche erkennen, besitzen doch nur sie – wie der Name schon sagt – gegliederte Körperanhängsel, die mit dem Rumpf und untereinander durch Gelenke beweglich verbunden sind. Als weitere Besonderheit verfügen die Arthropoda auf ihrer Körperoberfläche über eine sogenannte Cuticula, die von den Zellen der Oberhaut abgeschieden wird und dem Körper Halt gibt.

Charakteristisch für dieses auch als Haut- oder Außenskelett bezeichnete Gebilde ist sein chemischer Aufbau. Es besteht (stark vereinfacht) aus Gerüsteiweißen und Chitin, einem dem Zellstoff ähnlichen Kohlenhydrat. Dieser Aufbau verleiht der Cuticula ein hohes Maß an Festigkeit und Flexibilität. Soll das Außenskelett jedoch in erster Linie ausreichend starr sein, so werden die Eiweiße durch Gerbstoffe vernetzt. Ferner kann es zusätzlich zur Einlagerung von einer ganzen Reihe organischer und anorganischer Stoffe in den Panzer kommen.

Früher wurde die Verantwortung für die Härte der Hülle irrtümlich dem Chitin zugeschrieben. In Wirklichkeit unterscheiden sich die festeren Bestandteile des Außenpanzers (Sklerite) jedoch von den weichen »Gelenkhäutchen« nur durch das Vorhandensein der gegerbten Eiweiße. Während bei Wirbeltieren (die ein Innenskelett besitzen) die Muskulatur außen am Knochengerüst ansetzt, ist sie bei den Arthropoden an der Innenwand des toten – und daher nach seiner Aushärtung nicht mehr veränderbaren – Panzers befestigt.

Dieser besteht bei genauer Betrachtung (ähnlich wie eine mittelalterliche Ritterrüstung) aus einer Anzahl von gegeneinander verschiebbaren Platten und Röhren. Will ein Gliedertier wachsen, so ist das nur innerhalb der durch seine Körperhülle vorgegebenen Grenzen möglich. Folglich muß es sich regelmäßig häuten. Dabei »sprengt« es die Cuticula und steigt aus der zu klein gewordenen alten Hülle heraus. Unter dem abgestreiften Panzer hat sich bereits ein neuer gebildet, der nun auf die endgültige Größe gedehnt wird. Während dieser Zeit ziehen sich die Tiere häufig in Verstecke zurück, da sie ansonsten Angreifern völlig schutzlos ausgeliefert wären. Erst nach vielen Stunden ist die neue Hülle ausgehärtet.

Als letzte große Besonderheit der Gliederfüßer muß noch erwähnt werden, daß es nur Mitgliedern dieses Tierstammes und den Wirbeltieren gelungen ist, sowohl als ausgewachsene Individuen wie auch in allen vorausgehenden Entwicklungsstadien ein völlig vom Wasser als Lebensraum unabhängiges Leben zu führen. Bereits im Silur, also vor 420 Millionen Jahren, haben die Skorpione und die Tausendfüßer begonnen, das Festland als neuen Lebensraum zu erobern. Durch diese etwa 70 Millionen Jahre dauernde Besiedlung dieses noch unbewohnten Lebensraumes konnte sich eine unglaubliche Arten- und Formenvielfalt entwickeln. Bereits während der Steinkohlezeit durchflogen libellenähnliche Insekten mit 75 cm Flügelspannweite die gewaltigen Urwälder.

Aus der Gruppe der Gliederfüßer interessieren uns nur die Klassen der Spinnentiere (Arachnida) beziehungsweise der Hundertfüßer (Chilopoda), Tausend- oder Doppelfüßer (Diplopoda) und Insekten (Insecta) als Terrarientiere.

Amphibien

Amphibien sind zur Fortpflanzung auf das Wasser angewiesen.

Die frühesten, fischartigen Vertreter der Wirbeltiere entstanden vor über 400 Millionen Jahren, etwa in der gleichen erdgeschichtlichen Epoche, in der die Skorpione bereits lange auf dem Lande lebten. Erst später, wahrscheinlich im Devon, also vor mehr als 350 Millionen Jahren, vollzog sich der wichtigste Schritt in der Evolution der Wirbeltiere: der Übergang vom Leben im Wasser zum Leben auf dem Land. Aus den Fischen, genauer einem Zweig der Quastenflosser, entwickelten sich die Amphibien, mit denen die Reihe der vierfüßigen Wirbeltiere beginnt. Bei ihnen bildeten sich die Brust- und Bauchflossen nach und nach zu primitiven Armen und Beinen um, mit denen sie sich vom Flachwasser aufs Land begeben konnten. Es handelte sich damals nicht um die uns heute bekannte Vielfalt der modernen Fische, die die Urahnen aller Landwirbeltiere hervorbrachten, sondern um eine sehr urtümliche Gruppe.

Noch recht unbeholfen machten sich die Amphibien daran, den neuen Lebensraum zu erobern. Jedoch haben sie es nie geschafft, sich vollständig vom Wasser zu lösen. So ist bis heute ihre Haut meist nackt und dünn und trocknet daher leicht aus. Diese Abhängigkeit spiegelt sich auch in ihrem wissenschaftlichen Namen wider; »amphibisch« bedeutet soviel wie zwischen Wasser und Land lebend. Besondere Schwierigkeiten bereiteten den Tieren die starken Temperaturschwankungen an Land. Denn während Wärme, insbesondere die Sonnenwärme, die Beweglichkeit erheblich förderte, erlitten die Tiere empfindliche Wasserverluste. In diesem Dilemma stecken die Lurche noch bis heute. Aus den Flossen ihrer Vorfahren mit ihren Strahlen entwickelten sich Beine und Arme mit je fünf Zehen oder Fingern; die Funktion der Kiemen wurde durch die der Lungen ersetzt. Doch zur Fortpflanzung sind nahezu alle Arten weiterhin auf den Lebensraum Wasser angewiesen.

Für die Amphibien des Erdalterums muß das bereits mit Pflanzen und Insekten reich besiedelte Land einen sehr attraktiven Lebensraum bedeutet haben, denn er war vermutlich weitgehend frei von Feinden und bot die Erschließung neuer Nahrungsquellen. Im Lebensraum Wasser dagegen waren die ökologischen Nischen durch die reichhaltige Entwicklung von Fischen und anderen größeren Meerestieren bereits enger geworden, so daß die Eroberung des Landes erhebliche Vorteile mit sich brachte. Es dauerte folglich nicht lange, bis die Vorfahren der heutigen Amphibien sich formenreich an das Landleben anpaßten.

Reptilien

Die echte Loslösung vom Wasser erfolgte erst vor rund 300 Millionen Jahren, während des Karbon. In dieser Zeit entwickelten sich aus den urtümlichen Amphibien die ersten Reptilien, die ihrerseits später die Grundlage für die Entwicklung der beiden am weitesten entwickelten Wirbeltierklassen darstellten: der Vögel und der Säugetiere. Die Kriechtiere zeichneten sich vor allem durch ein kräftigeres Skelett und eine verhornte Körperhaut aus, die sie vor allem vor Austrocknung schützt. Ferner änderte sich auch die Art der Fortpflanzung. So sind die von den Reptilien produzierten Eier unabhängig von der Entwicklung im Wasser. Von der einstigen Vielfalt der Kriechtiere überlebte jedoch nur ein vergleichsweise geringer Teil die großen Änderungen der Lebensbedingungen auf der Erde, die während vieler Jahrmillionen stattgefunden haben.

Ordnungen der Amphibien und Reptilien

Heute unterscheidet man bei der Klasse der Lurche (Amphibia) drei Ordnungen mit über 2500 Arten. Da wäre als erstes die Ordnung der Schwanzlurche (Urodela), die Molche und Salamander. Ihr Körper ist in der Regel langgestreckt und mit vier Extremitäten und einem Schwanz versehen. Die zweite Ordnung stellen die Froschlurche (Anura), die Kröten und Frösche, dar. Sie besitzen einen gedrungenen, schwanzlosen Körperbau mit meist kräftigen Sprungbeinen. Die dritte Ordnung bilden die Blindwühlen (Apoda oder Gymnophiona). Diese meist unterirdisch lebenden, an Würmer erinnernden Amphibien sind für die Terraristik nahezu bedeutungslos.

Bei der Klasse der Kriechtiere (Reptilia) unterscheidet man vier Ordnungen mit etwa 6300 Arten. Die älteste Ordnung von ihnen stellen die Schildkröten (Testudines) dar, die leicht an ihrem Panzer zu erkennen sind. Die zweite Ordnung sind die Krokodile (Crocodylia), die einen langgestreckten, mit Hornschildern gepanzerten Rumpf und einen kräftigen Ruderschwanz besitzen. Ebenfalls eine recht alte Ordnung bilden die Brückenechsen (Rhynchocephalia), die heute nur noch aus einer Art besteht. Die letzte Ordnung der Schuppenkriechtiere (Squamata) ist auch die heute erfolgs- und umfangreichste der Reptilien überhaupt. Zu ihnen gehören die Schlangen und die Echsen.

Allen Amphibien und Reptilien gemeinsam ist ihre Zugehörigkeit zu den wechselwarmen Tieren. Das bedeutet, daß sie nur in Ausnahmefällen (etwa brutpflegende Schlangen) in der Lage sind, wie die Säugetiere und die Vögel ihre Körpertemperatur selbständig zu erhöhen und konstant zu halten. Vielmehr sind sie abhängig von der Umgebungstemperatur und der Strahlungswärme (in der Natur durch Sonneneinstrahlung). Alle Arten benötigen eine bestimmte »Betriebstemperatur« für die lebensnotwendigen Funktionen; daher ist ihr Verbreitungsgebiet auf die gemäßigten und die warmen Regionen der Erde begrenzt. Um überhaupt als wechselwarmes Tier mit Temperaturschwankungen fertig zu werden, mußten die Amphibien und die Reptilien eine ganze Reihe von Überlebensstrategientrategien entwickeln. Die bekannteste ist sicher die Winterruhe, mit der die Tiere die klimatisch ungünstige Zeit überdauern.

Reptilien sind von der Umgebungstemperatur abhängig.

Systematik und Namengebung

Deutsche Tiernamen sind oft frei erfunden.

Eines der größten Probleme für den Einsteiger besteht oftmals darin, sich einen Überblick über die auf den ersten Blick verwirrend anmutende wissenschaftliche Namengebung zu verschaffen. Allgemeingültige deutsche Namen sind oft nicht verfügbar. Gerade Zoofachgeschäfte geben ihren Schautieren daher immer wieder neue, oftmals uneinheitliche oder gar frei erfundene deutsche Trivialnamen, hinter denen sich häufig sogar zahlreiche sehr unterschiedliche Arten verstecken können. Was nützt schon die Bezeichnung »Bunter Leguan« , wenn sie auf Hunderte von Spezies zutrifft? Daher kommt man früher oder später nicht umhin, sich intensiver mit den wissenschaftlichen (also lateinischen oder latinisierten) Namen vertraut zu machen.

Schon von alters her haben Wissenschaftler versucht, die Vielfalt der Erscheinungen und die entwicklungsgeschichtlichen Verwandtschaftsbeziehungen innerhalb des Tierreiches nach systematischen Grundsätzen zu klassifizieren und zu benennen (Taxonomie). Zu diesem Zwecke griffen sie auf die verschiedensten anatomischen Merkmale, aber auch auf Fortpflanzungs- und Verhaltensweisen oder andere Kriterien zurück, die sie miteinander verglichen. Auf diese Weise konstruierten sie das klassische Stammbaum-Schema und versahen jede Art mit einem für jedermann gültigen Namen. Natürlich sind selbst heute noch nicht alle verwandtschaftlichen Beziehungen geklärt, weshalb es immer wieder zur Änderung der wissenschaftlichen Namengebung kommt.

Als eines der wichtigsten Kennzeichen erweist sich dabei das Vorhandensein oder Fehlen eines Innenskeletts samt der zugehörigen Wirbelsäule. Dementsprechend läßt sich das gesamte Tierreich in zwei Gruppen einteilen: einerseits die Wirbeltiere (Vertebrata), andererseits die Wirbellosen (Invertebrata). Insgesamt setzt es sich aus 35 (die Zahl kann nach der Betrachtungsweise des jeweiligen Autors variieren) Stämmen zusammen, von denen jeder einen charakteristischen biologischen Bauplan beziehungsweise eine entsprechende Lebensweise aufweist. Die für uns wichtigsten Tiergruppen, die Amphibien und Reptilien, gehören zum Stamm Chordata (Chordatiere) und dort zum Unterstamm Craniata (bedeutet soviel wie Schädelbesitzer). Die nächste Stufe sei auf der nächsten Seite anhand der Amphibien und Reptilien vereinfacht dargestellt.

Diese Aufstellung gibt uns eine grobe Übersicht über die Einordnung der Tiere, mit denen wir uns hauptsächlich beschäftigen. Da die Klassifizierung jedoch, wie schon gesagt, einer permanenten Revision unterliegt, steht uns letzten Endes keine wirklich endgültige Systematik zur Verfügung.

Eine Gattung besteht aus einer oder mehreren Arten, denen in stammesgeschichtlicher Hinsicht bereits wenigstens ein abgeleitetes oder fortschrittliches Merkmal gemeinsam ist. Bei den Amphibien und Reptilien erfolgt die Einteilung oftmals auch aufgrund innerer Merkmale, beispielsweise des Skelettaufbaues.

Als Art oder Spezies bezeichnet man Tiere, die sich durch ihr Aussehen und ihre Anatomie gleichen. Bei paarweiser Pflege müssen sie gegebenenfalls imstande sein, ihrerseits fortpflanzungsfähige Nachkommen zu zeugen.

Die Existenz einer oder mehrerer Unterarten weist uns darauf hin, daß es innerhalb einer Art verschiedene Formen gibt, die zum Beispiel derart isoliert voneinander leben, daß sie untereinander keinen Kontakt mehr haben. Sie haben sich im Laufe der Jahrtausende in ihrem Aussehen mehr oder minder stark verändert, sind aber immer noch in der Lage, sich bei einer Zusammenführung fruchtbar zu vermehren.

Am Beispiel des Mittelmeer-Teichmolches soll nun noch kurz dargestellt werden, aus welchen Bestandteilen sich der lateinische Name – hier *Triturus vulgaris meridionalis* – zusammensetzt:

Der erste Name – *Triturus* (abgeleitet vom griechischen *Triton*, einem Meergott, und *he urá*, der Schwanz) – steht dabei für die Gattung, der das Tier angehört.

Der zweite – *vulgaris* (deutsch »gemein, gewöhnlich«) – bezeichnet die Art, mit der wir es zu tun haben. Andere Arten heißen beispielsweise *Triturus alpestris* oder *Triturus marmoratus*.

Die Existenz des dritten Namensteiles – *meridionalis* (deutsch »wie ein Meridiankreis verlaufend«) – zeigt uns nun, daß wir es in diesem konkreten Fall mit einer von mehreren Unterarten zu tun haben, hier »*Triturus vulgaris meridionalis*«.

Klasse: Lurche (Amphibia)

1. Unterklasse: Froschlurchartige (Anuromorpha)
Ordnung: Froschlurche (Anura)

Unterordnung:	Archaeobatrachia	Pipoidea	Pelobatoidea	Neobatrachia
	2 Familien	2 Familien	2 Familien	18 Familien
	7 Gattungen	4 Gattungen	10 Gattungen	etwa 280 Gattunge

Insgesamt etwa 3800 Arten

2. Unterklasse: Schwanzlurchartige (Urodelomorpha)
Ordnung: Schwanzlurche (Caudata oder Urodela)

Unterordnungen:	Cryptobranchoidea	Salamandroidea
	2 Familien	7 Familien
	12 Gattungen	50 Gattungen
	etwa 66 Arten	etwa 310 Arten

3. Unterklasse: Blindwühlenartige (Caeciliomorpha)
Ordnung: Blindwühlen (Gymnophiona oder Caecilia)

5 Familien
34 Gattungen
etwa 154 Arten

Klasse: Kriechtiere (Reptilia)

1. Unterklasse: Schläfengrubenlose Reptilien (Anapsida)
Ordnung: Schildkröten (Testudines)

Unterordnung:	Halsbergerschildkröten (Cryptodira)	Halswenderschildkröten (Pleurodira)
	10 Familien	2 Familien
	71 Gattungen	14 Gattungen
	etwa 185 Arten	etwa 61 Arten

2. Unterklasse: Großsaurier (Archosauromorpha)
Ordnung: Krokodile (Crocodilia)

3 Familien
8 Gattungen
23 Arten

3. Unterklasse: Schuppenkriechtiere (Lepidosauria)
Ordnung: Urschuppensaurier (Eosuchia)

1 Familie
1 Gattung
1 Art

Ordnung: Eigentliche Schuppenkriechtiere (Squamata)

Unterordnung:	Echsen (Sauria)	Schlangen (Serpentes)	Doppelschleichen (Amphisbaenia)
	17 Familien	10 Familien	4 Familien
	etwa 407 Gattungen	etwa 420 Gattungen	18 Gattungen
	etwa 4000 Arten	etwa 2500 Arten	143 Arten

KENNEN & PFLEGEN

120 Terrarientiere

Gottesanbeterinnen

Blepharopsis mendica. Mit einer Körperlänge von 50–61 mm gehört diese Gottesanbeterin zu den mittelgroßen Fangschrecken. Ihr Verbreitungsgebiet reicht von den Kanarischen Inseln über Nordafrika und Zypern bis nach Afghanistan. Adulte Männchen besitzen lange, doppelt bewimperte Fühler. Die Tiere bewohnen trockene Habitate mit Tagestemperaturen von 35–40 °C. Die Paarungsbereitschaft kann durch eine Temperaturerhöhung bis auf 45 °C stimuliert werden. Die Weibchen bauen feste Schaumnester, in denen sich bis zu 50 Larven entwickeln können. Das Futter besteht aus Fliegen, Heimchen, Grillen und Motten.

Creobroter pictipennis. Es handelt sich bei dieser Gottesanbeterin um eine sogenannte Blütenmantis. In blühenden Sträuchern ist sie aufgrund ihrer kontrastreichen Zeichnung hervorragend getarnt. Diese Mantis bewohnt im asiatischen Raum ein weites Verbreitungsgebiet, das von Sri Lanka bis Indonesien reicht. Beide Geschlechter werden mit etwa 30 mm gleich groß: es handelt sich also um eine recht kleine Art. Bei einer Tagestemperatur von 25–35 °C fühlen sich die Tiere wohl. In der Nacht kann die Haltungswärme auf Zimmertemperatur sinken. Einmal am Tage sollte das Terrarium überbraust werden. Wenige Tage nach der Kopulation legen die Weibchen schon den ersten ihrer bis zu sechs Eikokons, die jeweils 0–60 Eier enthalten können.

Stab- oder Gespenstschrecken

Heteropteryx dilatata. Die Riesenblatt-Gespenstheuschrecke lebt auf dem Indo-Malaiischen Archipel. Die Tiere halten sich sowohl auf Sträuchern als auch an Bäumen auf. Die Weibchen erreichen eine Größe von 15 cm, während die Männchen bereits mit 9 cm ausgewachsen sind. Kurze Zeit nach der Erwachsenenhäutung findet die Begattung statt. Etwa vier Wochen später beginnt das Weibchen mit der Eiablage. Hierfür gräbt es mit dem Hinterleib 2–3 cm tiefe Löcher, in die es nur ein Ei hineinlegt. Die geschlüpften Larven bilden bis zum vierten Larvenstadium am Tage sogenannte Schlafgesellschaften und erwachen erst bei Dunkelheit. Gefressen werden Brombeer- und Eichenblätter.

Phyllium giganteum. Im Hochland von Malaysia lebt das Große Wandelnde Blatt. Es bewohnt dort die Kraut- und Strauchvegetation. Die Insekten erreichen eine Größe von 10,5 cm. Diese Art vermehrt sich durch Jungfernzeugung: Die Weibchen legen 8–9 mm lange und 5 mm breite grau- bis schwarzbraune Eier. Es dauert bis zu acht Monate, bevor die Larven schlüpfen. Nach weiteren acht Monaten sind sie ausgewachsen. Das Wandelnde Blatt hat eine Lebenserwartung von etwa sechs Monaten. Die Tiere ernähren sich im Terrarium von sommer- und wintergrüner Eiche. Bei einer Temperatur von 28–30 °C am Tage und 22–25 °C in der Nacht sind diese Insekten gut haltbar. Alle zwei bis drei Tage wird das Terrarium kurz überbraust.

Skorpione

Mesobuthus gibbosus. Es handelt sich um einen mittelgroßen Skorpion, der mit einer Gesamtlänge von 12 cm ausgewachsen ist. Wir haben es mit einer Flachlandform zu tun, die in Vorderasien beheimatet ist. Hier findet man die Tiere in Felsspalten und unter Steinen. Die Art sollte in einem nicht zu trockenen Terrarium gepflegt werden. Diese Skorpione benötigen eine drei- bis viermonatige Winterruhe mit Temperaturen von unter 10 °C. Die Geschlechter werden nur zur Paarung zusammengesetzt. Die Weibchen bringen bis zu 60 Jungtiere zur Welt, die von der Mutter auf ihrem Rücken getragen werden, wo sie bis zu zwei Wochen verbleiben und vom Weibchen auch mit Futter versorgt werden. Die angebotenen Futtertiere müssen der Größe der Skorpione angemessen sein.

Vogelspinnen

Aphonopelma chalcodes. Das Hauptverbreitungsgebiet liegt in Arizona. Diese Spinnen erreichen einen Größe von etwa 9 cm, wobei die Männchen etwas kleiner bleiben. Sie sind in der Natur etwas aggressiv und bissig. Sehr gerne graben diese Spinnen ihre waagerechten, bis zu einen Meter tiefen Höhlen an Wänden und Hügeln. Ihre Pflege in einem Trockenterrarium bereitet keine Probleme. Ein Aufbau aus miteinander verbundenen Steinen mit einigen Nischen wird sehr gern als Versteck genutzt. Alle Gegenstände müssen fest verankert sein, sonst werden sie von den kräftigen Spinnen verschoben. Eine Schale mit Wasser muß vorhanden sein.

Brachypelma boehmi. Diese bodenbewohnende Vogelspinnenart lebt in den Trockengebieten Mexikos. Die Spinnen graben über einen Meter lange waagerechte Gänge kurz unter der Erdoberfläche. Es handelt sich um eine mittelgroße Art mit einer Körpergröße von 6–7 cm. Sie gehört zu den Bombadierspinnen, die durch schnelles Reiben der Hinterbeine am Hinterleib dem Angreifer ihre feinen Härchen entgegenschleudern können. Die Spinnen sollten nur einzeln gepflegt werden. Hat man ein geschlechtsreifes Paar, so setzt man das Männchen frühestens 14 Tage nach der letzten Häutung zum Weibchen. Wenn dieses paarungsbereit ist, bleibt es ruhig sitzen und wird vom Männchen besamt, das danach sofort wieder entfernt werden muß.

Psalmopoeus cambridgei. Diese Vogelspinne lebt in den Regenwäldern Trinidads. Es handelt sich um eine baumbewohnende Art, die man auch sehr häufig an den steilen Böschungen der Straßen findet, die durch den Regenwald führen. An den meisten Stellen sind diese Steilhänge von Rankpflanzen überwuchert. Die Spinnen haben ihre Wohngespinste unter den Blättern der Pflanzen angelegt. Hier gehen sie auf Jagd nach Insekten und kleinen Taggeckos, die ebenfalls hier leben. Die Tiere benötigen ein hohes Terrarium mit einer als Lauffläche gestalteten Rückwand. Eine höhere relative Luftfeuchtigkeit und Temperaturen von 25–28 °C sind für das Wohlbefinden der Spinnen notwendig. Sie sind sehr schnell und können weit springen.

Frösche

Agalychnis callidryas. Diese Frösche leben überwiegend in den Tieflandregenwäldern Mittelamerikas. Den Tag verschlafen sie hoch oben in den Bäumen. Nach kräftigen Regenfällen beginnen die Männchen zu rufen. Nun findet man die Tiere auch in der Nähe von Gewässern, bei denen es sich oft sogar nur um größere Pfützen handelt. Die Weibchen gehen auf die rufenden Männchen zu, und diese klammern sich sofort auf ihrem Rücken fest. Es sind überwiegend die Blätter größerer Pflanzen, auf deren Rückseiten die Eier angeklebt werden. Sie hängen immer über dem Wasser, sind hellgrün und von sehr viel Gallertmasse umgeben.

Ceratophrys ornata. Das hübsche Aussehen täuscht nicht über die Gefräßigkeit dieser Frösche hinweg. Alles, was sie vor ihr Maul bekommen und nur geringfügig kleiner ist, wird gefressen. Die Frösche graben sich in den Boden ein, und manchmal sieht man nur noch die Augen herausschauen. Im Oberkiefer besitzen sie kleine, spitze zahnähnliche Knochenfortsätze, mit denen sie blutende Wunden schlagen können. Beim Umgang mit diesen Fröschen ist daher Vorsicht geboten. Mit einer Größe von 10–12 cm fressen sie ausgewachsene Mäuse. Zur Fortpflanzung benötigen sie eine Regenzeit und ein größeres Wasserbecken. Ein Aquaterrarium mit einer Regenanlage ist hierfür am besten geeignet. Die Eier werden mit wenig Gallertmasse frei im Wasser abgelegt.

Gastrotheca marsupiata. Damit die Eier vor Umwelteinflüssen geschützt sind, besitzen die Weibchen dieser Froschart auf dem Rücken eine Bruttasche. Während der Paarung heben sie ihr Hinterteil hoch, und die abgelegten Eier rutschen in die Tasche hinein. Bei diesem Vorgang werden die bis zu 200 Eier vom Männchen besamt. Nach etwa drei Wochen begeben sich die Weibchen zu einem Gewässer und öffnen mit den Hinterbeinen die Bruttasche. Die Kaulquappen schlängeln sich nun ins Wasser. Das Muttertier muß mit den Hinterfüßen immer wieder nachhelfen, damit auch alle den Beutel verlassen. Die Frösche sind nachtaktiv und leben in den Regenwäldern von Ecuador. Sie sollten in einem Regenwaldterrarium mit dichter Bepflanzung gepflegt werden.

Heterixalus boettgeri. Aus den Sumpfgebieten und Reisfeldern im Südosten Madagaskars stammt dieser Laubfrosch. Die Weibchen erreichen eine Größe von knapp über 30 mm, während die Männchen etwas kleiner bleiben. Die nachtaktiven Frösche paaren sich im Terrarium das ganze Jahr über. Während der Paarung tragen die Weibchen ihre Partner oft tagelang auf dem Rücken mit sich herum. Eine dichte Bepflanzung und eine hohe relative Luftfeuchtigkeit sind ausschlaggebend für das Wohlbefinden der Frösche. Die Eier werden kurz über der Wasseroberfläche oder im Wasser an Pflanzen angeheftet. Vom Schlupf bis zum fertigen Frosch benötigen die ersten Kaulquappen über 80 Tage, die letzten mehr als die doppelte Zeit.

Kaloula pulchra. Der deutsche Name »Indischer Ochsenfrosch« spiegelt nicht die Größe der Frösche wider, sondern beruht auf den lauten Rufen der Männchen. Mit einer Größe von 80 mm sind die Tiere verhältnismäßig klein. Es sind nachtaktive Lurche, die sich tagsüber meistens im lockeren Boden eingraben. Die Tier laichen in kleinen stehenden Gewässern, die oft nur während der Regenzeit bestehen. Da die Laichtümpel schon kurz danach wieder austrocknen, entwickeln sich die Larven sehr schnell. Von der Eiablage bis zum fertigen Frosch verstreichen meistens nicht mehr als 15 Tage an Entwicklungszeit. Im Terrarium werden die Tiere in einem eher trockenen Becken gepflegt und nur zur Laichzeit in ein Aquaterrarium gesetzt.

Kassina senegalensis. Die Frösche besiedeln in Afrika ein weites Verbreitungsgebiet. Da sie nicht hüpfen, sondern laufen, werden sie auch als Rennfrösche bezeichnet. Die nachtaktiven Tiere verstecken sich am Tage unter Holz oder Steinen. Die Weibchen sind etwas größer als die Männchen, die auch an der schwarzen Kehlscheibe zu erkennen sind. Nur zur Laichzeit sitzen die Männchen in größerer Zahl um die Gewässer herum und rufen. Die Eier werden im Wasser an Pflanzenteile angeheftet. Nach etwa sechs Tagen schlüpfen die Kaulquappen, und etwa 90 Tage später gehen die Jungfrösche an Land. Im Terrarium sollten die Tiere bei einer Temperatur von 22–25 °C gehalten werden. Sie fressen alles, was sie bewältigen können.

Phyllomedusa hypochondrialis. Die Regenwälder Surinams bilden den Lebensraum dieses Laubfrosches. Am Tage sitzen die Frösche häufig auf der Innenseite großer Pflanzenblätter und schlafen. Erst in der Nacht werden sie aktiv. Ihre Bewegungen sind sehr langsam und erinnern an den Gang eines Chamäleons. Für die Haltung kommt nur ein größeres Regenwaldterrarium mit dichter Bepflanzung in Frage. Zur Zucht benötigt man ein Aquaterrarium oder Paludarium. Nach tagelangen Regenfällen beginnen sich die Frösche zu paaren. Die Weibchen tragen die Männchen auf dem Rücken umher und suchen einen geeigneten Eiablageplatz. Die Gelege werden über dem Wasser an ein Blatt geheftet, das danach zu einem Trichter verklebt wird.

Scaphiophryne marmorata. Zu den Engmaulfröschen gehört diese am Boden lebende Art. Obwohl die Frösche große, verbreiterte Fingerscheiben besitzen, klettern sie sehr selten. Ihr Hauptverbreitungsgebiet liegt im Osten Madagaskars. Als Kulturfolger findet man die Frösche auch außerhalb von Waldgebieten in den Dörfern. Die Tiere sind nachtaktiv, und nur nach heftigen Regenfällen sind sie in größerer Anzahl unterwegs. Jetzt hört man auch die Männchen an den Gewässern rufen. Die Frösche erreichen eine Größe von etwa 55 mm. Gepflegt werden sie in einem Regenwaldterrarium mit einer Laubschicht auf dem Boden und einem Wasserbecken. Zur Fortpflanzung benötigen die Anuren eine lang anhaltende Regenzeit.

Mantella aurantiaca. Die Art ist nur aus einem eng umgrenzten Waldgebiet im Osten Madagaskars bekannt. Es ist die einzige bisher bekannte einfarbige *Mantella*-Art. Die Färbung reicht allerdings von einem hellen Gelb bis hin zu einem dunklen Rot. Es handelt sich um eine tagaktive, am Boden lebende Spezies. Nach einer sechs- bis achtwöchigen kühlen Phase werden die Temperaturen im Terrarium erhöht und eine Regenzeit simuliert. Nach einiger Zeit beginnen die Männchen zu rufen. Die Weibchen legen ihre kleinen, weißen Eier in einem dunklen Versteck ab, das sich auch in aufgeschüttetem Laub befinden kann. Ein Gelege kann bis zu 50 Eier enthalten. Die Kaulquappen schlängeln sich nach etwa 14 Tagen zum Wasser hin. Bis die ersten Jungfrösche an Land gehen, dauert es etwa 50 Tage.

Megophrys monticola nasuta. Die asiatischen Zipfelfrösche kommen von Thailand über Indonesien bis zu den Philippinen vor. Es sind Lauerjäger, die gut getarnt im Laub der Regenwälder sitzen und auf Beute harren. Gefressen wird alles, was sich überwältigen läßt. Bei der Haltung im Terrarium sollte ein Temperaturbereich von 20–25 °C eingehalten werden. Wenn eine simulierte Regenzeit nicht zum Ablaichen der Frösche führt, dann kann man es mit einem Wasserwechsel versuchen. Die Weibchen kleben ihre Eier an Gegenstände, die im Wasser eine Höhle bilden. Hierbei müssen zwischen der Wasseroberfläche und der Höhlendecke einige Zentimeter Luft liegen. Die Kaulquappen nehmen nur Nahrung auf, die an der Oberfläche schwimmt.

Pfeilgiftfrösche

Dendrobates reticulatus. Die tropischen Regenwälder Perus bilden den Lebensraum dieser Pfeilgiftfroschart. Sehr häufig findet man die Frösche in den Blattachseln von Bromelien. Die Gelege werden von beiden Geschlechtern betreut. Das Männchen bringt immer jeweils eine Quappe zu einer Bromelie. Hierbei wird das Weibchen durch ständiges Rufen mitgelockt. Nach zwei bis drei Tagen lockt das Männchen abermals das Weibchen zu den Larven. Das Weibchen setzt sich nun rückwärts ins Wasser und wird von der Kaulquappe angestoßen. Dieses Futterbetteln veranlaßt es zur Ablage von unbefruchteten »Futtereiern«.

Dendrobates tinctorius. Vom Färberfrosch gibt es die unterschiedlichsten Farbvarianten. Auch die Größe der Tiere verschiedener Populationen liegt zwischen 35 mm und 60 mm. Das Verbreitungsgebiet dieser Frösche liegt auf dem Guayana-Schild im Norden Südamerikas. Die Anuren leben überwiegend am Boden des tropischen Regenwaldes. Durch das Rufen der Männchen werden die Weibchen angelockt. Vor dem eigentlichen Laichakt hüpfen die Weibchen manchmal stundenlang hinter den Männchen her. Hierbei wird der Partner immer wieder mit den Vorderfüßen gestreichelt. Die zwei bis zwölf Eier werden in einem dunklen Versteck abgelegt und danach vom Männchen betreut. Es trägt auch später die Kaulquappen zum Wasser. Die Larven sind kannibalisch veranlagt.

Dendrobates ventrimaculatus. Mit einer Größe von 14,5–19 mm gehört diese Art zu den kleinsten Dendrobatiden. Ihr riesiges Verbreitungsgebiet erstreckt sich von der Ostseite der Anden über das gesamte Amazonasbecken. Die Tiere kommen am Boden genau so häufig wie in den Bromelien der Urwaldriesen vor. Das große Verbreitungsgebiet hat die Bildung verschiedener Populationen begünstigt, die in der Größe, aber auch in der Färbung variieren. Die Anzahl der Eier schwankt zwischen fünf und elf Stück je Gelege. Das Männchen bringt die Kaulquappen zum Wasser, wo sie vom Weibchen versorgt werden. Es wird immer nur eine Larve pro Bromelientrichter oder Blattachsel abgesetzt. Die Larven sind äußerst kannibalisch veranlagt.

Epipedobates tricolor. Er ist der »Kanarienvogel« unter den Pfeilgiftfröschen. Einige Liebhaber halten diese Frösche nur des Trillerns wegen. In einem gut bepflanzten Regenwaldterrarium vermehren sich die Anuren das ganze Jahr über. Die Männchen tragen ihre Larven in die kleinsten Pfützen. Eine gemeinsame Aufzucht in einem kleinen Plastikaquarium macht keine Schwierigkeiten. Die Kaulquappen werden mit Fischfutter aufgezogen. Je nach Wasserqualität und Fütterung benötigen sie bis zur Metamorphose zwischen 40 und 60 Tage. Die weitere Aufzucht erfolgt mit Springschwänzen und kleinen Obstfliegen. Ausgewachsene Frösche fressen halbwüchsige Heimchen, Fliegen, Wachsmaden und deren Motten.

Phobobates silverstonei. Die Regenwälder in 1300–1800 m Höhe bilden den Lebensraum dieser Pfeilgiftfroschart. Die hohe relative Luftfeuchtigkeit und die teilweise niedrigen Temperaturen von weniger als 20 °C sind für das Wohlbefinden der Frösche äußerst wichtig. Sehr häufig ist das Gebiet, in dem die Anuren vorkommen, in dichten Nebel gehüllt. In der Haltung sind sie etwas heikel, und geregelte Nachzuchten bilden die Ausnahme. Die Eier werden unter Laichhäuschen abgelegt und anschließend vom Männchen bewacht und gewässert. Als Bodenbewohner benötigen diese Frösche eine große Terrariengrundfläche und ein kleines Wasserbecken. Die Männchen bringen alle Kaulquappen auf einmal ins Wasser, wo sie gemeinsam aufgezogen werden können.

Phyllobates vittatus. Der Flachlandregenwald an der Pazifikseite von Costa Rica und Panama bildet den Lebensraum dieses Frosches. Die Temperaturen liegen dort tagsüber bei 25–30 °C und sinken in der Nacht nur um wenige Grad ab. Die Frösche leben etwas versteckt; das Terrarium sollte daher eine dichte Bepflanzung aufweisen. Zum Ablaichen bietet man den Anuren Laichhäuser oder schwarze Filmdosen an. Nach etwa 15–20 Tagen kriechen die Kaulquappen auf den Rücken des Männchens, und hier verweilen sie manchmal bis zu zwei Tage, bevor sie ins Wasser gebracht werden. Die gemeinsame Aufzucht der Larven bereitet keine Schwierigkeiten. Ernährt werden sie mit Fischfutter. Nach 75 Tagen gehen die Jungfrösche an Land.

Kröten

Bufo mauritanicus. Die Berberkröte ist in Nordafrika weit verbreitet. Sie bewohnt Oasen, Flußtäler und ähnlich feuchte Gebiete in Marokko, Algerien und Tunesien. Häufig sieht man sie nachts in den Gärten der Hotelanlagen umherlaufen, da durch die Beleuchtung der Wege sehr viele Nachtfalter angelockt werden. Darüber hinaus verzehren sie Insekten, Käfer, kleine Nager und auch andere Anuren. Im Terrarium können die Tiere sehr schnell zahm werden und das Futter aus der Hand annehmen. Zur Fortpflanzung benötigen die Kröten eine kühlere Phase mit anschließender Regenzeit. Ein größeres Wasserbecken muß vorhanden sein.

Bufo marinus. Mit einer Körpergröße von 23 cm gehört die Aga-Kröte zu den größten Froschlurchen der Welt. Ihr Verbreitungsgebiet reicht von den USA bis nach Argentinien, und auf einigen Inseln sowie in Australien wurden die Kröten als Insektenvertilger eingeführt. Da sie in manchen der Länder keine Freßfeinde hat, ist ihr Bestand dort dramatisch angestiegen. Sie frißt alles, was sie bewältigen kann. Diese Kröte ist ein typisches Beispiel dafür, was Faunenverfälschung anrichten kann. Da auch ihr Laich Giftstoffe enthält, kann sich die Entwicklung ungestört vollziehen. Die Tiere können frei in einem Terrarienzimmer gehalten werden. Eine flache Wasserschale wird von ihnen regelmäßig aufgesucht, und hier setzen sie auch ihren Kot ab.

Salamander

Tylototriton shanjing. Diese Spezies wurde erst 1995 beschrieben. Gepflegt werden diese Tiere in einem Aquaterrarium. Zur Fortpflanzung benötigen sie eine Winterruhe bei Temperaturen um 15 °C. Im Frühjahr wird die Haltungswärme langsam auf 20–25 °C erhöht. Eine simulierte Regenzeit läßt jetzt den Wasserstand von etwa 4 auf 20 cm ansteigen. Die Wintermonate verbringen die Salamander an Land, aber vom Frühjahr an sind sie immer häufiger im Wasser zu sehen. Bei der Befruchtung der Weibchen konnte man sowohl einen direkten Kloakenkontakt als auch die Aufnahme von abgesetzten Spermatophoren beobachten.

Echsen

Cordylus giganteus. Der Riesengürtelschweif bewohnt große offene Flächen in den Hochebenen von Südafrika. Die Tiere graben 2–3 m lange und einen Meter tiefe Gänge, in die sie sich bei Gefahr zurückziehen. In den Sommermonaten steigen die Temperaturen am Tage auf 30–35 °C an, im Winter hingegen fallen sie für einige Monate weit unter den Gefrierpunkt. In Südafrika wurden die Tiere im Frühjahr auf dem Schnee liegend beim Sonnenbaden beobachtet. Die Weibchen bringen in der Regel zwei lebende Junge zur Welt. Die Echsen fressen Insekten und kleine Nager, nehmen aber auch vegetarische Kost zu sich.

Cordylus cataphractus. Aus dem südwestlichen Afrika stammt der Panzergürtelschweif. Die Tiere bewohnen felsige Berghänge. Bei Gefahr flüchten sie in die Spalten und verkeilen sich dort mit ihren Stachelschuppen. Haben sie keine Fluchtmöglichkeit mehr, dann nehmen sie das Ende ihres Schwanzes ins Maul und bilden eine Kugel. So schützen sie ihre empfindliche Unterseite. Dieses Verhalten wird im Terrarium sehr schnell abgelegt. Die Tagestemperaturen liegen in der Heimat der Tiere bei 30–35 °C und können lokal auf über 40 °C ansteigen. Eine kühlere Ruhephase von etwa zwei Monaten Dauer ist zur Stimulation des Paarungsverhaltens angebracht. Die Weibchen sind lebendgebärend und bekommen ein bis sechs Jungtiere im Jahr.

Pseudocordylus melanotus. Diese Gürtelschweife sind reine Felsbewohner, die an den Felsen der Hochebenen von Südafrika anzutreffen sind. Mit ihrem abgeflachten Körper sitzen sie überwiegend in senkrechten Felsspalten. Die Tiere leben paarweise an einem Felsen oder in einem umgrenzten Revier. Die Männchen verteidigen ihre Reviere sehr heftig gegeneinander. In den Sommermonaten steigen die Temperaturen am Tage auf 35–40 °C an, im Winter hingegen fallen sie unter den Gefrierpunkt. Auch im Terrarium müssen die Tiere eine Winterruhe einhalten. Anschließend paaren sich die Echsen, und im Sommer bringen die Weibchen ihre lebenden Jungen zur Welt. Bei guter Ernährung sind diese nach 13–15 Monaten bereits ausgewachsen.

Shinisaurus crocodilurus. Die Krokodilschwanz-Höckerechse kommt aus der Provinz Guanxi in Südchina. Ihr Lebensraum sind die dicht bewachsenen Uferbereiche schwach fließender oder stehender Gewässer. Die Tiere sind ausgezeichnete Schwimmer, die länger als eine halbe Stunde unter Wasser bleiben können. Die jahreszeitlichen Temperaturen gehen im Sommer von 40 °C bis zum Winter auf wenige Grad über den Gefrierpunkt zurück. Die Echsen benötigen auch im Terrarium eine drei- bis viermonatige Winterruhe. Eine Vergesellschaftung von einem Männchen mit zwei Weibchen ist möglich. Die Echsen paaren sich einige Zeit nach der Winterruhe. Nach acht bis neun Monaten Trächtigkeit können die Weibchen bis zu 15 Jungtiere zur Welt bringen.

Xantusia henshawi. Bei dieser Art handelt es sich um nachtaktive Felsbewohner aus den Wüsten und Halbwüsten von Südkalifornien bis Mexiko. Es sind sehr scheue Echsen, die bei der kleinsten Störung in schmalen Felsspalten Schutz suchen. Damit die Tiere im Terrarium ein Gefühl der Sicherheit bekommen, müssen genügend Versteckmöglichkeiten aus Steinplatten vorhanden sein. Ein Heizstein sollte die Temperatur im Sommer nachts lokal auf 25 °C erhöhen. Im Winter sollten die Werte unter 20 °C fallen. Die Tiere werden am besten paarweise gepflegt. Die Weibchen bekommen einmal im Jahr ein bis zwei lebende Junge. Gefressen werden alle üblichen Insekten, Wachsmaden und deren Motten. Mit einer Gesamtlänge von etwa 14 cm sind die Tiere ausgewachsen.

Zonosaurus madagascariensis. Nicht nur auf Madagaskar, sondern auch auf fast allen umliegenden Inseln ist diese Art vertreten. Man findet sie genauso häufig an den Rändern der Regenwälder wie in lichten Waldgebieten oder an Feldrändern und in Gärten. Die Tiere benötigen ein Terrarium mit einer großen Grundfläche. Einige armdicke Äste sollten schräg aufgestellt werden. In der Laubschicht sind die Schildechsen ständig auf der Suche nach etwas Freßbarem. Neben Insekten und Würmern wird auch süßes Obst verzehrt. Die Haltung von einem Männchen mit mehreren Weibchen ist durchaus möglich. Während der Paarung beißt sich das Männchen im Nacken seiner Partnerin fest. Die Weibchen legen ihre weichschaligen Eier in den feuchten Boden.

Eidechsen

Lacerta trilineata. Die Riesensmaragdeidechse hat ein großes Verbreitungsgebiet, das von der Balkanhalbinsel bis nach Israel und Iran reicht. Gebirgslagen von über 1000 m Höhe werden nicht besiedelt. Die Tiere bewohnen überwiegend sonnenbeschienene steinige Hänge mit dichtem Bewuchs; aber auch an dicht bewachsenen Feldrainen kann man sie finden. Die Echsen machen eine vier- bis sechsmonatige Winterruhe durch. Im Frühjahr paaren sie sich; die Weibchen legen im Mai/Juni das erste Gelege ab. Es können pro Jahr zwei Gelege mit je 5–18 Eiern produziert werden. Die Tiere sind nach zwei Jahren geschlechtsreif.

Skinke

Egernia cunninghami. Eine robuste Skinkart, die im Südosten Australiens beheimatet ist. Die Tiere können sich durch das Aufblähen des Körpers fest in Felsspalten verkeilen. Im Sommer können sie in einer Freilandanlage gepflegt werden. Für kühlere Tage ist ein Strahler sinnvoll, der die Temperatur lokal auf 35 °C erhöht. Eine sechs- bis achtwöchige Winterruhe bei einer Temperatur von etwa 13 °C ist für die Zucht unbedingt einzuhalten. Danach beginnen sich die Tiere nach etwa zwei Wochen zu paaren. Nach drei Monaten werden drei bis sieben Jungtiere geboren, die von den ausgewachsenen Tieren nicht behelligt werden.

Egernia depressa. Es handelt sich bei diesen Skinken um sehr scheue Tiere. Auch nach jahrelanger Haltung leben diese 15 cm großen tagaktiven Echsen sehr versteckt. Das Terrarium sollte als Felsenterrarium hergerichtet werden. Einige künstliche Spalten dienen den Tieren als Unterschlupf. Eine paarweise Haltung ist angebracht, obwohl sich auch mehrere Weibchen sehr gut vertragen. Zwei Männchen können nicht zusammen gepflegt werden. Die Art ist lebendgebärend, und die Weibchen bringen zwei bis drei Jungtiere zur Welt. Diese können gemeinsam mit den Adulti gepflegt werden. Bei der Geburt haben die Tiere eine Gesamtlänge von etwa 7 cm. Neben allerlei Insekten werden süßes Obst, Salat und Hunde- beziehungsweise Katzenfutter gefressen.

Lamprolepis smaragdina. Da es sich um einen Baumskink handelt, benötigt diese Art ein sehr hohes Terrarium (nicht unter 1,50 m). Einige armdicke Äste sollten senkrecht und im oberen Drittel des Behälters auch waagerecht vorhanden sein. Die Wände werden mit Kork oder Holzschwarten hergerichtet. Korkröhren dienen als Verstecke im oberen Bereich des Behälters. Die Bepflanzung besteht aus einigen Ranken an den Seiten und an der Rückwand. Die Weibchen legen das ganze Jahr über Eier. Es sind in der Regel zwei, die im feuchten Boden vergraben werden. Gelegentlich kommt es vor, daß die Eier aufgefressen werden. Jungtiere, die im Terrarium schlüpfen, werden von den Adulti nicht behelligt.

Lygosoma fernandi. Diese prächtig gefärbten Skinke kommen im östlichen Afrika vor. Sie sind überwiegend dämmerungsaktiv und leben hauptsächlich unterirdisch im feuchten Waldboden. Im Terrarium hat sich ein Bodengrund aus Orchideenerde sehr gut bewährt. Eine kurze Winterruhe wirkt sich bei den Tieren stimulierend auf die anschließende Paarung aus. Die trächtigen Weibchen vergraben ihre weichschaligen Eier im feuchten Boden. Noch einige Zeit danach verteidigen sie das Gelege. Die Eier sollten in einem Brutapparat gezeitigt werden. Bei 32 °C schlüpfen die Jungtiere nach 35–42 Tagen. Sie sollten einzeln aufgezogen werden. Die Tiere fressen Insekten, Regenwürmer, Nacktschnecken und kleine Fisch- und Fleischstreifen.

Tribolonotus gracilis. Diese nachtaktiven Skinke leben in Neuguinea und sind mit einer Gesamtlänge von 140 mm ausgewachsen. Man findet sie im Regenwald und an den Rändern von Kokosplantagen in und unter morschen Baumstämmen. Die in ihrem Lebensraum ziemlich konstante Temperatur von 24 °C und die 95–100 Prozent betragende relative Luftfeuchtigkeit sollten im Terrarium eingehalten werden. Der Behälter wird als Regenwaldterrarium mit einer etwa 10 cm hohen, feuchten Bodenfüllung eingerichtet. Ein Wasserbecken muß ebenfalls vorhanden sein. Sie ernähren sich von Regenwürmern, Mehlwürmern, Grillen, Heimchen, Wachsmaden, Fliegenmaden und kleinen Heuschrecken. Die Weibchen legen nur ein weichschaliges Ei.

Tiliqua occipitalis. Da die Tiere in der Natur Einzelgänger sind, sollte man sie auch im Terrarium nur zur Paarung gemeinsam pflegen. Nach einer achtwöchigen Winterruhe bei etwa 13 °C setzt man die Paare für einige Wochen zusammen. Nach einer Trächtigkeit von ungefähr 110 Tagen werden die 16 cm großen Jungtiere geboren. Sie sollten getrennt aufgezogen werden. Das Terrarium richtet man als Trockenbecken mit Bodenheizung und Strahler ein. Die Temperatur muß lokal auf 40 °C ansteigen, damit die Tiere dort ihre Vorzugstemperatur erreichen können. An anderen Stellen sollte sie bei etwa 30 °C liegen. Die Tiere ernähren sich von Insekten, Schaben, Schnecken und jungen Mäusen. Zwischendurch werden auch süßes Obst, Löwenzahn oder Salat gefressen.

Tiliqua rugosa. Schon lange ist die Tannenzapfenechse der Terraristik bekannt. Erst in den letzten Jahren gelang die Nachzucht. Sie stammt aus den Trockengebieten Australiens. Im australischen Frühjahr (Oktober bis November) sieht man sehr häufig paarungsbereite Männchen, die ein Weibchen verfolgen. Für eine erfolgreiche Zucht müssen die Tiere eine Winterruhe von sechs bis acht Wochen bei etwa 13 °C halten. Danach erhöht man die Temperatur in einem Zeitraum von 14 Tagen auf 30 °C. Lokal muß die Temperatur auf 40 °C ansteigen. Das Weibchen wird jetzt in das Terrarium des Männchens gesetzt. Nach der Paarungszeit trennt man die Geschlechter wieder. Die Tiere sind lebendgebärend und bringen ein bis drei Jungtiere zur Welt.

Geckos

Agamura persica. Das Verbreitungsgebiet dieser Geckos ist das nordöstliche Hochland vom Iran bis nach Afghanistan. Mit einer Gesamtlänge von 13 cm sind sie bereits ausgewachsen. Der Name »Spinnengecko« weist auf die extrem langen Beine hin. Es handelt sich um einen Krallengecko, der sowohl auf steinigem Boden als auch an Felswänden lebt. Die Geckos sind sowohl am Tage als auch in der Nacht aktiv. Im Terrarium halten sie sich tagsüber sehr gerne unter einen Strahler auf. In der Dämmerung und in der Nacht gehen sie auf Futtersuche. Die Weibchen legen zwei sehr dünnwandige hartschalige Eier, die sie im Sand vergraben.

Phelsuma guimbeaui. Dieser Taggecko lebt auf der Insel Mauritius an Palmen und großen Bäumen. Mit einer Größe von 150 mm gehören die Tiere zu den mittelgroßen Phelsumen. Am besten hält man die Tiere paarweise. Es handelt sich bei dieser Art um sogenannte Eikleber, da die Eier von den Weibchen in einem Versteck an die Unterlage geklebt werden. Ein sicheres Versteck wird in der Natur auch von mehreren Weibchen immer wieder aufgesucht, und so können größere Massengelege entstehen. Je nach Zeitigungstemperatur schlüpfen die Jungtiere 60–90 Tage später. Mit einer Größe von 36–40 mm sind die graubraunen Junggeckos noch recht klein. Da sie auch langsam heranwachsen, sind sie erst mit 18–20 Monaten geschlechtsreif.

Phelsuma madagascariensis grandis. Hierbei handelt es sich um den am häufigsten in Terrarien gepflegten Taggecko. Die Haltung und Zucht dieser farblich ansprechenden Tiere ist problemlos. Zwei Männchen in einem Terrarium vertragen sich jedoch absolut nicht. Man erkennt sie an den gut sichtbaren Präanofemoralporen oberhalb der Kloake. Diese Art wird regelmäßig nachgezüchtet, und man sollte auch immer darauf achten, daß man Nachzuchten erwirbt. Die Weibchen legen ein bis zwei hartschalige Eier, die sie bis zum Aushärten mit den Hinterbeinen festhalten. Häufig wird das zweite Ei an das erste gepreßt, so daß ein Doppelei entsteht. Bei einer Zeitigungstemperatur von 28 °C schlüpfen die Jungtiere nach 60–65 Tagen. Die Geckos ernähren sich von Insekten und lecken sehr gern an süßem Obst. Hierbei wird Banane eindeutig bevorzugt.

Phelsuma pronki. Diese Art wurde erst 1994 beschrieben. Es handelt sich um einen kleinen, knapp 110 mm langen Taggecko. Die Tiere leben an den Bäumen der Regenwälder im zentralen Hochland von Madagaskar. Bei ihrer Pflege ist eine größere nächtliche Temperaturabsenkung einzuhalten. Häufige langanhaltende Regenfälle kennzeichnen ihre Heimat. Die relative Luftfeuchtigkeit ist dementsprechend hoch. Die Weibchen kleben ihre Gelege hinter die Rinde der Bäume. Es sind meistens Doppeleier, die im noch weichen Zustand an die Unterlage gedrückt werden. Die Männchen sind an der gelben Kloakenregion und an den Präanofemoralporen zu erkennen. Die Haltung eines Männchen mit mehreren Weibchen gestaltet sich problemlos.

Naultinus elegans. Die neuseeländischen Taggeckos gehören immer noch zu den Besonderheiten in unseren Terrarien. Nur selten bekommt man eine Ausfuhrgenehmigung für Tiere von dieser Insel. Ein Freiluftaufenthalt im Sommer ist für Haltung und Zucht die beste Voraussetzung, aber auch eine Winterruhe muß unbedingt eingehalten werden. Da sich die Tiere hauptsächlich auf ihre Tarnung verlassen, ist die richtige Bepflanzung sehr wichtig; am besten haben sich Zimmerzypressen bewährt. Die Art ist lebendgebärend, und die Tragzeit dauert sehr lange. Weibchen bekommen nur einmal im Jahr ein oder zwei Junge. Neben Insekten, Fliegen, Wachsmaden und deren Motten wird auch sehr gern süßes Obst gefressen.

Gonatodes ceciliae. Die Heimat dieses Taggeckos ist die Karibikinsel Trinidad. Er ist ein Bewohner des tropischen Regenwaldes und lebt an feuchten Steilhängen oder Mauern unter großblättrigen Ranken. Eine hohe Umgebungsfeuchte ist im Terrarium unbedingt zu gewährleisten. Die erfolgreichste Haltung ist in einem Paludarium mit einem kleinen Wasserfall und einer zugerankten Rückwand möglich. Die Tiere paaren sich das ganze Jahr über. Die Weibchen legen nur ein hartschaliges Ei, das an einer geschützten Stelle versteckt wird. Die sehr kleinen Jungtiere benötigen frisch geschlüpfte Heimchen, kleine *Drosophila* und winzige Wachsmaden. Zur besseren Kontrolle sollte die Aufzucht einzeln erfolgen. Bei guter Ernährung sind die jungen Taggeckos bereits nach einem Jahr geschlechtsreif.

Eublepharis macularius. Leopardgeckos sind aus der Terraristik nicht mehr wegzudenken. Es sind die typischen Geckos für den Anfänger. Die Art ist in der Haltung problemlos und läßt sich auch leicht züchten. Der Bodengrund sollte aus einer etwa 10 cm hohen Sandschicht bestehen, die an einer Stelle feucht gehalten wird. Einige hohl liegende Korkplatten dienen als Versteckmöglichkeiten. Durch eine Bodenheizung sollte die Temperatur lokal auf etwa 30 °C ansteigen. Es ist sinnvoll, die Heizung nur am Abend einige Stunden einzuschalten, da die Tiere nachtaktiv sind. Die Weibchen vergraben ihre weichschaligen Eier im feuchten Bodengrund. Die Eier legt man in feuchtes Vermiculite und zeitigt sie in einem Brutapparat.

Nephrurus wheeleri cinctus. Diese Unterart kommt in der Pilbara-Region an der Ostküste von Australien vor. Es ist ein felsiges Gebiet mit offenen Sandflächen und spärlichem Bewuchs. Der stark laterithaltige Boden ist tiefrot gefärbt. Bei der Terrarienhaltung hat sich gezeigt, daß die Geckos einen starken Bezug zu diesem roten Substrat haben. Um sich zu tarnen, werfen sie sich mit den Vorderfüßen das rote Erdreich über den Körper. Tagsüber verstecken sich die Tiere unter hohl liegenden Steinen und Holz. Diese Knopfschwanzgeckos benötigen eine absolut trockene Umgebung; nur für die Eiablage sind die Weibchen auf eine feuchte Stelle angewiesen. Es werden immer zwei weichschalige Eier im feuchten Sand vergraben.

Teratolepis fasciatus. Die Verbreitung des Rübenschwanz-Viperngeckos liegt im Indus-Delta, einem äußerst trockenen, regenarmen Gebiet. Die Gesamtlänge der Geckos liegt knapp über 10 cm. Es sind reine Bodenbewohner, die nur sehr selten an Steinen emporklettern. In den Sommermonaten kann die Temperatur am Tage über 40 °C ansteigen; sie liegt selbst in der Nacht noch bei über 25 °C. Im Winter liegt das Tag-Nacht Gefälle im Durchschnitt bei 24 °C zu 15 °C. Die Tiere verstecken sich am Tage unter Steinen und Holz. Die Weibchen legen zwei hartschalige Eier, die sie leicht mit Sand bedecken. Bei einer Zeitigungstemperatur von 20–26 °C benötigen die Jungtiere bis zum Schlupf 60–65 Tage. Sie werden von den Adulti nicht behelligt.

Gekko gecko. Eine der bekanntesten Geckoarten ist der Tokkee. Wahrscheinlich zur Geschlechterfindung und zur Revierabgrenzung rufen die Männchen weithin hörbar ihren »Namen«. Die bis zu 350 mm groß werdenden Tiere haben ein kräftiges Gebiß, von dem sie auch oft Gebrauch machen. In der Natur leben einige Tiere in kleinen Gruppen, die aus einem erwachsenen Männchen und mehreren Weibchen sowie den dazugehörigen Jungtieren bestehen. Die Eier und Jungtiere werden von den erwachsenen Tieren heftig verteidigt. Fängt man sie aus einer Gruppe heraus und setzt sie nach ein paar Tagen wieder zurück, so werden sie jedoch aufgefressen.

Chamäleons

Bradypodion damaranum. Diese Art hat nur ein kleines Verbreitungsgebiet am südlichen Kap von Südafrika. Die Biotope befinden sich in Küstennähe, und das Klima entspricht dem des Mittelmeerraumes. Die Temperaturen liegen bei 25–30 °C, und die Niederschlagsmenge beträgt über 500 mm. Ein Sommeraufenthalt in einer Freilandanlage kommt den Tieren sehr zugute. Die Haltung erfolgt einzeln oder paarweise in großen Terrarien. Zwei Männchen können allerdings nicht zusammen gepflegt werden. Die schönsten Farben zeigen die Männchen, wenn sie ein paarungsbereites Weibchen erblicken. Die Kopulation dauert etwa 30 Minuten. Nicht paarungswillige Weibchen beißen das Männchen weg. Die Muttertiere bringen 2–21 lebende Junge zur Welt.

Bradypodion ventrale occidentale. Bei dieser Art handelt es sich um ein echtes Wüstenchamäleon mit einem hohen Frischluftbedarf. Die Tiere leben in den Grasbüscheln der ausgedehnten Wüstengebiete an der Westküste von Namibia und Südafrika. Die extreme Anpassung an den Lebensraum muß bei der Haltung unbedingt berücksichtigt werden. Die Tagestemperaturen sollten bei 26 °C liegen, mit einer lokalen Erhöhung auf 35 °C. Diese wird durch Strahler erreicht. In der Nacht gehen die Werte auf Zimmertemperaturniveau zurück. Da die Tiere ihren Flüssigkeitsbedarf zum Teil über den morgendlichen Nebel decken, ist ein kurzes Überbrausen des Terrariums notwendig. Die Weibchen gebären bis zu 21 lebende Junge.

Bradypodion tavetanum. Es handelt sich hier um eine ostafrikanische Art. Mit einer Gesamtlänge von etwa 20 cm gehören die Tiere zu den mittelgroßen Chamäleons. Die Männchen sind an den beiden Schnauzenhörnern gut zu erkennen. Die Haltung erfolgt einzeln, und nur zur Paarung kann man die Weibchen zu den Männchen ins Terrarium setzen. Nach mehrmaliger Kopulation werden die Geschlechter wieder getrennt. Die Weibchen vergraben nach etwa 40 Tagen ihre bis zu zwölf weichschaligen Eier im feuchten Bodengrund. In Vermiculite gezeitigte Eier benötigen bei Zimmertemperatur etwa 200 Tage bis zum Schlupf der Jungtiere. Die relative Luftfeuchtigkeit sollte bei 75–90 Prozent liegen, die Temperatur um 25 °C.

Calumma parsonii. Diese Art bewohnt den feuchten Osten Madagaskars. Es sind Baumbewohner der Regenwälder, die bis an deren Randgebiete vorkommen. Als Lauerjäger verbringen sie die meiste Zeit des Tages damit, auf Beute zu warten. Mit einer Gesamtlänge von über 600 mm erreichen die Tiere eine stattliche Größe. Eine paarweise Haltung ist in größeren Terrarien möglich. Eine Bepflanzung mit robusten Pflanzen sollte neben finger- bis armdicken Ästen vorhanden sein. Jahreszeitliche Klimaschwankungen sind bei der Haltung zu simulieren. Getränkt werden sollten die Tiere von Hand, etwa über die Düse des Sprühstrahlrohres. Während der Balz des Männchens zeigt das Weibchen durch farbliche Veränderungen, ob es zur Paarung bereit ist.

Calumma brevicornis. Diese aus Ostmadagaskar stammenden Chamäleons sind untereinander äußerst streitsüchtig. Die Geschlechter können nur zur Paarungszeit unter Beobachtung zusammengesetzt werden. Die bis zu 30 weichschaligen Eier werden von den Weibchen im feuchten Bodengrund vergraben. Sie werden in einem Inkubator gezeitigt. Starke jahreszeitliche Klimaschwankungen und hohe Temperaturunterschiede prägen den Lebensraum dieser Art. Die Tiere leben in den Büschen und niedrigen Bäumen an den Rändern der Regenwälder. Sehr häufig findet man die Chamäleons an den Weg- und Straßenrändern. Neben allerlei Insekten und gelegentlich auch kleineren Echsen fressen sie zeitweise verschiedene Blüten.

Chamaeleo calyptratus. Diese Art ist aus unseren Terrarien nicht mehr wegzudenken. Das Herkunftsgebiet dieser Chamäleons ist der Jemen. Entsprechend sollten die Tiere nicht zu feucht gepflegt werden. Ein Strahler bringt die Temperatur lokal auf 35–40 °C. Das Frischluftbedürfnis ist – wie bei allen Chamäleons – relativ groß, daher sollte auf große Lüftungsflächen nicht verzichtet werden. Die Echsen sollten möglichst immer einzeln gepflegt werden. Trächtige Weibchen können sehr unverträglich sein, was immer eine Trennung der Geschlechter zur Folge hat. Die Weibchen vergraben ihre weichschaligen Eier im feuchten Sand. Bei einer Zeitigungstemperatur von 28–30 °C benötigen die jungen Chamäleons bis zum Schlupf über 200 Tage.

Chamaeleo ellioti. Von Ost bis Zentralafrika ist diese Art verbreitet. Die Tiere leben in Höhenlagen von 800–1800 m. Hier findet man sie in niedrigen Büschen, im Gras und auch in den Gärten der Dörfer. Die Tageshöchsttemperatur erreicht 25–28 °C bei einer relativen Luftfeuchtigkeit von 60–100 Prozent. Je nach Höhenlage fallen die Temperaturen in der Nacht auf weit unter 20 °C. Die Tiere haben ein sehr großes Frischluftbedürfnis, dem man im Terrarium unbedingt Rechnung tragen muß. Wer die Möglichkeit hat, seine Tiere im Freien zu halten, sollte in den Sommermonaten davon reichlich Gebrauch machen. In großen, gut bepflanzten Terrarien kann man sie paarweise pflegen. Die Art ist lebendgebärend.

Furcifer labordi. Aus dem Südwesten von Madagaskar stammt diese Art. Es sind sehr aggressive Tiere, die nur einzeln gehalten werden können. Die Männchen besitzen einen deutlich größeren Schnauzenfortsatz und einen höheren Helm als die Weibchen. Nur zur Paarung setzt man die Geschlechter für einige Zeit zusammen. Da es auch in dieser Periode zu Beißereien kommen kann, muß man die Tiere genau beobachten. Nach der Paarung werden die Geschlechter wieder getrennt. Nach etwa sechs Wochen beginnt das Weibchen, einen geeigneten Platz für die Eiablage zu suchen. Die acht bis zwölf weichschaligen Eier werden in einer selbstangelegten Grube im feuchten Boden vergraben. Die etwa 40 mm großen Jungtiere schlüpfen nach über 250 Tagen.

Furcifer pardalis. Diese Art hat die meisten Farbvarianten unter allen Chamäleons hervorgebracht. Ihr Verbreitungsgebiet umfaßt den Norden und Nordosten Madagaskars nebst einigen vorgelagerten Inseln, im Süden das Gebiet um die Stadt Fort Dauphin sowie die Inseln Mauritius und Réunion. Es sind überwiegend die Küstengebiete, die von dieser Art bewohnt werden. Als Kulturfolger dringt sie auch in Dörfer und bis in die Gärten größerer Städte vor. Wegen ihrer guten Anpassungsfähigkeit lassen sich die Tiere auch sehr gut im Terrarium pflegen. Mit einer Gesamtlänge von über 500 mm erreichen die Männchen eine stattliche Größe. Die Weibchen bleiben wesentlich kleiner und sind auch nicht so farbenprächtig. Die Zucht gelingt recht häufig.

Brookesia perarmata. Es handelt sich bei dieser Art um die größten bisher bekannten Erdchamäleons. Die Tiere erreichen im ausgewachsenen Zustand eine Gesamtlänge von 110 mm. Sie leben in den Trockenwäldern im Westen von Madagaskar und in deren Randgebieten. Bisher ist über die Lebensweise dieser beeindruckenden Chamäleons sehr wenig bekannt. Sie halten sich überwiegend im niedrigen Buschwerk auf. Eine paarweise Haltung bereitet keine Probleme. Während der Trockenzeit vergraben sich die Tiere im Boden. Für die Zucht ist das Simulieren der Jahreszeiten eine wichtige Voraussetzung. Die Weibchen verstecken ihre Eier unter Laub, Moos und Holz oder vergraben sie in kleinen flachen Mulden.

Rhampholeon kerstenii. Diese Art gehört zu den afrikanischen Vertretern der Erdchamäleons. Ihr Verbreitungsgebiet reicht von Somalia bis Tansania. Die Tiere bewohnen überwiegend die Waldränder, dringen aber auch bis in die Gärten der Dörfer vor. Sie leben überwiegend am Boden und auf bodennahen Sträuchern. Zwischen dem verwelkten Laub fallen sie kaum auf. Man pflegt diese Chamäleons am besten einzeln und setzt die Geschlechter nur zur Paarung zusammen. Die Weibchen vergraben ihre weichschaligen Eier im feuchten Boden. Ein Gelege kann bis zu neun Eier enthalten. Bei einer Zeitigungstemperatur von 28 °C benötigen die Jungen etwa 50–55 Tage bis zum Schlupf. Mit einer Gesamtlänge von 30 mm sind die Jungtiere recht klein.

Leguane

Anolis bahorucoensis. Diese Art kommt in den Bergregenwäldern der Dominikanischen Republik vor. Mit einer Größe von 16 cm werden die Männchen etwas größer als die Weibchen. Es sind Baum- und Strauchbewohner, die zu ihrem Wohlbefinden eine dichte Bepflanzung benötigen. Man pflegt die Tiere in einem feuchten Regenwaldterrarium. Die Tiere paaren sich das ganze Jahr über, und die Weibchen vergraben ihre weichschaligen Eier in der Nähe von Pflanzen im Bodengrund. Die Temperatur sollte tagsüber bei 25–28 °C liegen und kann nachts bis auf 20 °C abfallen.

Anolis equestris. Dies ist eine der größten *Anolis*-Arten. Mit einer Gesamtlänge von etwa 45 cm benötigen die Tiere ein entsprechend großes Terrarium. Hierbei sollte 1 m^3 nicht unterschritten werden, wobei eine Höhe von einem Meter als unteres Maß genommen werden sollte. Diese Tiere benötigen kräftige Stämme in sowohl senkrechter als auch waagerechter Anordnung. Die Bepflanzung muß aus stabilen und robusten Pflanzen bestehen. Bei der Paarung wird das Weibchen durch einen Nackenbiß festgehalten. Während der Legeperiode können die Weibchen im Abstand von 14 Tagen ein Ei ablegen, das im feuchten Boden vergraben wird. Es sollte aus dem Terrarium entfernt und in einem Brutbehälter zum Schlupf gebracht werden. Es darf nicht gedreht werden, da dies das Absterben des Embryos zur Folge hätte. Jungtiere würden von den Adulti gefressen und müssen daher gesondert aufgezogen werden.

Anolis marmoratus. Dies ist sicher eine der schönsten *Anolis*-Arten. Die Tiere leben auf der Karibikinsel Guadeloupe und zwar nur an der Ostküste von Basse Terre. Sehr häufig findet man sie in den Bananenplantagen. In den Parks bevorzugen diese *Anolis* die großen, einzeln stehenden Bäume. Wie die meisten Vertreter dieser Echsengruppe benötigen auch sie ein geräumiges und luftiges Terrarium, das keine zu dichte Bepflanzung aufweisen darf. Die Tiere lassen sich paarweise oder in Gruppen aus einem Männchen und mehreren Weibchen pflegen. Zwei Männchen hingegen vertragen sich nicht miteinander. In den Gewächshäusern von Burgers Zoo in Arnheim können wir die Art unter fast natürlichen Bedingungen beobachten.

Anolis trinitatis. Die Art kommt auf der Karibikinsel St. Vincent allerorts vor. Zwar ist sie an keinen speziellen Lebensraum gebunden, aber im Inneren des Regenwaldes findet man sie sehr selten. Die Tiere bevorzugen eher die äußersten Randgebiete des Waldes. Dafür trifft man sie in den Plantagen, Gärten und Hotelanlagen recht häufig an. Die Haltung eines Männchens mit mehreren Weibchen entspricht den natürlichen Gegebenheiten. Diese Art pflegt man in einem gut bepflanzten Terrarium. Auch zierliche Pflanzen werden von den Tieren nicht beschädigt. Wie viele andere *Anolis* fressen auch sie sehr gern Bananen. Allerdings benötigen sie hauptsächlich tierische Nahrung. Heimchen werden genauso gern angenommen wie Wachsmaden. Die Männchen besitzen eine große gelbe Kehlfahne.

Basiliscus plumifrons. Das Verbreitungsgebiet dieser Art erstreckt sich von Panama bis nach Guatemala. Die Tiere leben hauptsächlich in der Nähe von fließenden Gewässern. Sie sind auch in der Lage, ein größeres Gewässer, auf zwei Beinen laufend, zu überqueren. Durch den hohen Helm und den Rückenkamm der Männchen sind die Geschlechter gut zu unterscheiden. Die Tiere benötigen aufgrund ihrer Größe (bis 90 cm) sehr viel Platz. Sie halten sich sehr gerne an armdicken Ästen auf, die senkrecht und waagerecht im Terrarium vorhanden sein müssen. Die Echsen benötigen eine hohe relative Luftfeuchtigkeit, die man durch häufiges Sprühen oder durch eine Nebelanlage erreicht. Die Weibchen vergraben ihre weichschaligen Eier im feuchten Boden. Bei einer Temperatur von 30 °C benötigen die Jungen etwa 60 Tage bis zum Schlupf.

Ctenosaura clarki. Diese Echsen vertreten die Gruppe der Schwarzen Leguane. Mit einer Gesamtlänge von etwa 32 cm gehören sie jedoch zu den kleineren Arten. Ihr Lebensraum sind die trockenen Bergwälder in West-Mexico. Hier findet man die Tiere sowohl an Felsen als auch an Bäumen. Sie benötigen Temperaturen von über 30 °C, die am Tage lokal bis auf 40 °C ansteigen müssen. In der Nacht kann die Wärme auf Zimmertemperatur sinken. Den Tieren sollte eine Ruhezeit von sechs bis acht Wochen im Jahr bei Temperaturen um 20 °C eingeräumt werden. Neben allerlei Obst wird tierische Nahrung eindeutig bevorzugt. Die Leguane fressen Heimchen, Grillen, Heuschrecken, Wachsmaden und *Zophobas*, aber auch nackte junge Mäuse.

Cophosaurus texana. Diese Leguane sind Bodenbewohner der trockenen, sandigen Halbwüsten im Süden der USA und in Nord-Mexico. In der Nacht verstecken die Tiere sich halb eingegraben im lockeren Sandboden. Tagsüber sitzen sie gern etwas erhöht, um das Gelände zu beobachten. Wenn sie sich bei Temperaturen von 35–40 °C richtig aufgeheizt haben, sind sie enorm schnell. Aus diesem Grund sollte das Terrarium eine große Grundfläche aufweisen. Die Weibchen können in einem Jahr mehrere Gelege absetzen. Die weichschaligen Eier werden im feuchten Sand vergraben. Bei einer Zeitigungstemperatur von 30 °C benötigen die Jungtiere nur 38 Tage bis zum Schlupf. Während der Trächtigkeit bekommt das Weibchen orangefarbene Seitenflecke.

Iguana iguana. Der Grüne Leguan gehört immer noch zu den beliebtesten Terrarientieren. Seiner Größe von 180 cm entsprechend, benötigt er ein großes und stabiles Terrarium. Da die Tiere auch sehr gern ins Wasser gehen, muß ein geräumiges Wasserbecken vorhanden sein. Die Leguane leben in der Natur hoch oben in den Bäumen. Sehr häufig findet man sie in der Nähe von Gewässern. Im Terrarium benötigen die Tiere dicke, stabile Äste, die hauptsächlich in waagerechter Position angebracht werden müssen. Die Leguane paaren sich zu jeder Jahreszeit. Nach einer acht- bis zwölfwöchigen Trächtigkeit verbergen die Weibchen ihre Gelege in einer selbstgegrabenen Höhle. Große Weibchen können bis zu 80 Eier ablegen.

Crotaphytus collaris. Die Halsbandleguane kommen in den USA in einigen Arten vor. Es sind überwiegend Bewohner der trockenen und halbtrockenen Wüstengebiete. Die Tiere erreichen eine Größe von 35 cm, wobei die Weibchen etwas kleiner bleiben. Die Echsen benötigen im Terrarium höhere Temperaturen, die lokal bis zu 42 °C betragen können. Im Winter müssen die Tiere eine Möglichkeit zum Winterschlaf haben. Hierfür benötigen sie Temperaturen von etwa 8 °C. Nach einer Winterruhe von ungefähr drei Monaten wird die Temperatur wieder langsam erhöht. Etwa vier Wochen später beginnen sich die Tiere zu paaren. Die Weibchen vergraben ihre drei bis fünf weichschaligen Eier im feuchten Bodengrund.

Oplurus cyclurus. Mit einer Gesamtlänge von 25 cm gehört diese Leguanart zu den kleinsten auf Madagaskar vorkommenden. Sie lebt im Süden und Südwesten von Madagaskar hauptsächlich in lichten Trockenwäldern. Darüber hinaus findet man die Tiere noch auf der Insel Grande Comore. Es sind Baumbewohner, die bei der kleinsten Störung immer auf die Rückseite der Stämme oder in eine Baumhöhle flüchten. In den meisten Fällen sind die Tiere schon verschwunden, bevor man sie zu Gesicht bekommen hat. Für die Zucht ist eine Winterruhe von etwa zwei bis drei Monaten einzuhalten. Danach erfolgt meist die Paarung. Bei einer Zeitigungstemperatur von 26–28 °C schlüpfen die etwa 5 cm großen Jungen nach ungefähr 70 Tagen.

Phrynosoma platyrhinos. Die gesamte Gattung der Krötenechsen ist in der Haltung etwas heikel. Das größte Problem bildet die Futterumstellung, da sich diese Echsen überwiegend von Ameisen ernähren. Ansonsten fressen sie alles, was sie bewältigen können. Bei einer Temperatur von etwa 8 °C müssen die Tiere mindestens drei Monate lang überwintert werden. Danach wird die Temperatur langsam auf 25–30 °C erhöht. Unter einem Strahler kann sie auf 35 °C ansteigen. Einige Wochen nach der Paarung werden die Weibchen unruhig und führen einige Probegrabungen durch. Während der Eiablage graben sie sich komplett in den feuchten Sand ein. Wenn sie wieder hervorkommen, sollte man die Eier herausnehmen und in einem Inkubator zeitigen.

Stenocercus melanopygus. Bei dieser Art ist ein deutlicher Größenunterschied zwischen den Geschlechtern zu erkennen. Die Männchen erreichen eine Gesamtlänge von etwa 30 cm, während die Weibchen deutlich kleiner bleiben. Die Tiere kommen in den Höhenlagen der peruanischen Anden vor. Am Tage wird es dort sehr warm, in der Nacht hingegen eisig kalt. Den Sommer über kann man die Echsen in einer Freilandanlage pflegen. Hierbei sollte man aber darauf achten, daß an kühlen Tagen ein Strahler die nötige Wärme liefert. Da die Tiere Felsbewohner sind, sollte die Einrichtung diesem Lebensraum entsprechen. Die Weibchen vergraben ihre bis zu acht weichschaligen Eier im feuchten Sand.

Tropidurus peruvianus. Das Verbreitungsgebiet dieses Leguans reicht von Ecuador bis nach Chile, wobei überwiegend der Küstenstreifen von den Echsen bewohnt wird. In Peru handelt es sich um die Wüste entlang der Küste, aber die Tiere kommen auch in den Höhenlagen der Anden bis 1800 m vor. Teilweise leben die Echsen sogar auf den Felsen direkt in der Brandungszone des Meeres. Diese Leguane erreichen eine Gesamtlänge von knapp 22 cm. Der Behälter sollte als trockenes Felsenterrarium eingerichtet werden. Unter einem Strahler muß die Temperatur lokal 45 °C erreichen. In der Nacht kann sie bis auf Zimmertemperaturniveau abgesenkt werden. Die Weibchen legen ihre vier bis sechs Eier in den feuchten Sand.

Agamen

Calotes calotes. Südostasien ist das Verbreitungsgebiet dieser herrlichen Schönechse. Es sind überwiegend feuchtere Gebiete, in denen die Tiere vorkommen. Diese Reptilien sind Bewohner der Buschvegetation und der unteren Baumpartien. Nur die Männchen bekommen die prächtige rote Kopffärbung. Die Weibchen hingegen sind einheitlich grün gefärbt. Sie vergraben ihre sechs bis zwölf weichschaligen Eier im feuchten Bodengrund. Bis zum Schlupf der bräunlichen Jungtiere vergehen 80–100 Tage, je nach Zeitigungstemperatur. Die Jungen benötigen sehr viel Kalk und Vitaminbeigaben zum Futter.

Gonocephalus chamaeleontinus. Das Verbreitungsgebiet dieser ruhigen Agame erstreckt sich von West-Malaysia, Sumatra und einigen vorgelagerten Insel bis nach Java. Es sind reine Regenwaldbewohner, die immer in der Nähe von Bächen gefunden worden sind. Die Echsen sind überwiegend in den frühen Morgenstunden und am späten Nachmittag aktiv. Die Weibchen vergraben ihre drei bis fünf weichschaligen Eier im feuchten Bodengrund. Je nach Zeitigungstemperatur benötigen die Jungen bis zum Schlupf über 100 Tage. Würmer und Nacktschnecken werden neben Heimchen, Grillen, *Zophobas*, nackten Mäusen und Heuschrecken am liebsten gefressen. Zum Trinken benötigen die Tiere bewegtes Wasser.

Laudakia stellio. Der bis 40 cm messende Hardun gehört zu den Wirtelschwanzagamen. Sein Verbreitungsgebiet reicht von Griechenland samt den umliegenden Inseln über die Türkei bis zum Irak und nach Ägypten. Bevorzugt leben die Agamen an Felsen, Legsteinmauern und alten Gemäuern, aber auch auf Bäumen sind sie stellenweise zu finden. Es handelt sich um sehr sonnenhungrige Echsen, die sehr viel Wärme für ihr Wohlbefinden benötigen. Die Tiere leben meistens paarweise zusammen. Die Männchen halten von einem höher gelegenen Aussichtspunkt ihr Revier im Auge. Die Weibchen legen ihre bis zu zehn pergamentschaligen Eier in den leicht feuchten Boden ab. Es können bis zu drei Gelege in einem Jahr erfolgen.

Lyriocephalus scutatus. Die Wälder des zentralen Hochlandes der Insel Sri Lanka bilden den Lebensraum der Lyrakopfagame. Die Tiere sitzen die meiste Zeit über an den Stämmen der Bäume. Es sind sehr ruhige Echsen, die sich überwiegend auf ihre Tarnung verlassen. Die Männchen scheinen feste Reviere zu beanspruchen, da man sie nur in größerer Entfernung voneinander findet. Ihre Haltung und Zucht im Terrarium ist schwierig. Lyrakopfagamen benötigen ein starkes Tag-Nacht-Gefälle, wobei die Tagestemperatur 25 °C nicht überschreiten sollte. Eine Nebelanlage sorgt für den Frühnebel und die damit verbundene hohe Luftfeuchtigkeit. Diese Agamen sollten nur paarweise in einem größeren Terrarium gepflegt werden.

Pogona vitticeps. Mit einer Gesamtlänge von 56 cm gehört diese Art zu den größten Bartagamen. Ihr Verbreitungsgebiet reicht von Mittelaustralien bis südwärts in den Nordwesten von Victoria. Die Tiere lieben es, von hoher Warte herunterzuschauen. An einer Straße sahen wir auf verschiedenen Telegraphenmasten je eine Bartagame sitzen. Stundenlange Sonnenbäder sind ihnen sehr angenehm. Auch im Terrarium benötigen sie lokal Temperaturen von 35–40 °C. Da diese Agamen ihre Hauptaktivitäten am Boden ausüben, muß die Grundfläche des Beckens entsprechend groß gewählt werden. Ein künstlicher Felsenaufbau und einige dicke Äste sind genauso wichtig. Die Haltung eines Männchens mit mehreren Weibchen ist problemlos möglich.

Phrynocephalus (helioscopus) persicus. Das Verbreitungsgebiet dieser Krötenkopfagame reicht vom Kaukasus bis nach Iran und Mittelasien. Die Agamen bevorzugen einen festen Bodengrund. Sandige Substrate werden weitgehend gemieden. Je nach Verbreitungsgebiet halten die Echsen einen bis zu fünf Monate andauernden Winterschlaf. Einige Zeit danach beginnen sie, sich zu paaren. Hierbei wird vom Männchen beim Weibchen kein Paarungsbiß angebracht. Nach einer Trächtigkeitszeit von etwa 45 Tagen vergraben die Weibchen ihre weichschaligen Eier im feuchten Bodengrund. In der Regel werden bis zu sieben Eier abgelegt. Bei einer Zeitigungstemperatur von 28–30 °C benötigen die Jungtiere bis zum Schlupf 45–50 Tage.

Trapelus mutabilis. Kleine bis maximal 25 cm große Agame, die in den trockenen Halbwüsten von Nordafrika bis Südwestasien beheimatet ist. Innerhalb des riesigen Verbreitungsgebietes haben sich zahlreichen Farbvarianten herausgebildet. Die Echsen können paarweise in geräumigen Wüstenterrarien gepflegt werden. Als Bodengrund eignet sich ein Sand-Lehm-Gemisch, auf das zahlreiche Steine als Versteckplätze gelegt werden. Die Temperaturen sollten tagsüber bei 22 bis 35 °C liegen und lokal unter einem Strahler bis auf 45 °C steigen. Eine mehrwöchige Winterruhe bei Werten unter 12 °C ist sinnvoll. Kurz nach ihrer Beendigung verpaaren sich die Tiere; das Weibchen legt 8–12 Eier. Aus diesen schlüpfen nach etwa 55 Tagen bei 28 °C die Jungtiere.

Trapelus ruderatus. Mit einer Gesamtlänge von 7–8 cm handelt es sich um sehr klein bleibende, hübsche Tiere. Ihr Verbreitungsgebiet reicht von der Türkei über das nördliche Arabien bis nach Pakistan. Die Männchen zeigen während der Fortpflanzungszeit eine leuchtend blaue Kehle. Die Art kann in kleinen Terrarien paarweise gepflegt werden. Die Bodenfläche sollte jedoch 0,2 m^2 nicht unterschreiten. Die Temperaturen sollten am Tage bei etwa 25 °C liegen und lokal 45 °C erreichen. Auch diese Art benötigt eine mehrwöchige Winterruhe. Die Echsen ernähren sich von den verschiedensten kleinen Wirbellosen und in geringem Maße auch von pflanzlicher Nahrung wie Salat und Obst.

Uromastyx maliensis. Im Nordwesten von Afrika besiedeln diese Agamen ein kleines Verbreitungsgebiet. Sie leben in steppenartigen Sand- oder Steinwüsten mit spärlichem Bewuchs. Am Tage halten sich die Echsen in der Nähe ihrer selbstgegrabenen, bis zu einen Meter tief in den Boden reichenden Wohnhöhlen auf, in die sie bei Gefahr sofort flüchten. Trotz der extremen Temperaturunterschiede in diesen Gebieten – bis zu 50 °C am Tage und weniger als 20 °C in der Nacht – ist das Kleinklima in der Höhle ziemlich ausgeglichen. In den Monaten November bis Februar halten die Tiere einen Winterschlaf. Sechs bis acht Wochen nach der Paarung legen die Weibchen ihre 12-22 weichschaligen Eier im feuchten Sand ab. Die Eier werden bei 30–34 °C gezeitigt.

Warane

Varanus acanthurus. Der Stachelschwanzwaran kommt im Norden und Nordwesten von Australien vor. Er gehört mit einer Gesamtlänge von 70 cm zu den Kleinwaranen. Das Terrarium wird als Trockenbecken mit einem festen Felsenaufbau eingerichtet. Da die Echsen auch Höhlen anlegen, sollte eine etwas höhere feste Substratschicht eingebracht werden. Die Weibchen vergraben ihre bis zu acht weichschaligen Eier im feuchten Bodengrund. Je nach Zeitigungstemperatur benötigen die etwa 14–17 cm großen Jungtiere 130–150 Tage zu ihrer Entwicklung.

Varanus gilleni. Das Verbreitungsgebiet dieser Art reicht vom Nordwesten Australiens über den gesamten mittleren Kontinent bis hinunter in den Süden. Mit einer Gesamtlänge von 35 cm gehören die Tiere zu den Zwergwaranen. Sie sind Baumbewohner der Trockengebiete Australiens, die sich häufig unter der Rinde alter Bäume aufhalten. Die Einrichtung des Terrariums sollte dem natürlichen Lebensraum der Tiere entsprechen. Im oberen Beckenbereich kann die Temperatur an waagerechten Stämmen unter Strahlern 35–40 °C betragen. In den Monaten September und Oktober vergraben die Weibchen bis zu vier Eier im feuchten Sand. Bei einer Zeitigungstemperatur von 29–30 °C benötigen die Jungtiere über 90 Tage bis zum Schlupf.

Varanus indicus. Der Pazifikwaran benötigt für sein Wohlbefinden ein großes Wasserbecken, in dem er sich ungehindert bewegen kann. Er erreicht eine Gesamtlänge von 150 cm. Sein Verbreitungsgebiet zieht sich von den östlichen Inseln Indonesiens bis nach Neuguinea, Nordaustralien und den Salomonen; darüber hinaus ist er auf vielen Südseeinseln anzutreffen. Sehr häufig findet man ihn auch in den Mangrovenwäldern der Küstenbereiche und an Gewässern innerhalb von Regenwaldgebieten. Er ist ein geschickter Kletterer, der häufig auf Ästen über dem Wasser liegt. Bei Gefahr springt er hinein und bringt sich schwimmend in Sicherheit. Das Terrarium muß als feuchtwarmes Regenwaldbecken mit einigen armdicken Ästen eingerichtet sein.

Varanus storri. Mit einer Gesamtlänge von 30–35 cm, in seltenen Fällen auch mehr, sind diese Warane ausgewachsen. Eine paarweise Haltung ist in großen Terrarien mit reichlichen Verstecken möglich. Ein fest auf dem Boden stehender Felsaufbau mit einigen Nischen wird von den Tieren sehr gerne angenommen. Eine Bodenheizung sollte den Boden an verschiedenen Stellen tagsüber auf 30–40 °C erwärmen, aber die Warane müssen auch die Möglichkeit haben, ihre Körpertemperatur unter Strahlern zu regulieren. Die Weibchen vergraben ihre zwei bis drei weichschaligen Eier im feuchten Boden. Hierfür hält man an einer etwas versteckt gelegenen Stelle den Boden immer feucht. Nach etwa 100 Tagen schlüpfen die ungefähr 12 cm großen Jungtiere.

Varanus gouldi. Das Verbreitungsgebiet dieser Art umfaßt den gesamten australischen Kontinent, mit Ausnahmen des äußersten Südostens und der tropischen Cape-York-Halbinsel im Norden. Die Warane graben bis zu 3,5 m lange Höhlen, in denen sie auch bei Gefahr Zuflucht suchen. Sie sind aber auch hervorragende Kletterer, die bis in die äußersten Baumwipfel emporsteigen. Die Tiere erreichen eine Gesamtlänge von 160 cm. Es handelt sich um sehr wehrhafte Echsen, die mit ihrem Schwanz und ihren Zähnen böse Wunden verursachen können. Die Weibchen vergraben ihre Eier bis zu einen Meter tief im feuchten Sand. Bei einer Zeitigungstemperatur von 30–32 °C benötigen die Jungen ungefähr 265 Tage bis zum Schlupf. Sie sind dann etwa 27 cm lang.

Varanus exanthematicus. Der Steppenwaran hat sein Verbreitungsgebiet südlich der Sahara in einem breiten Gürtel von West- bis Ostafrika. Hier lebt er in der Nähe seiner bis zu 3 m langen selbstgegrabenen Höhlen. Bei der Haltung im Terrarium hat sich gezeigt, daß eine Einzelhaltung für die Zucht am förderlichsten ist. Die Geschlechter werden nur in den Monaten August bis September zur Paarung zusammengesetzt. Etwa vier bis sechs Wochen nach der erfolgreichen Kopulation vergraben die Weibchen ihre Eier, die in eine Plastikdose, eingebettet in leicht feuchtes Vermiculite, überführt werden sollten. Bei einer Zeitigungstemperatur von 29–30 °C benötigen die Jungtiere 150–180 Tage bis zum Schlupf. Sie haben dann bereits eine Gesamtlänge von 12–13 cm.

Riesenschlangen

Acrantophis madagascariensis. Der Norden und Nordwesten sowie das zentrale Hochland von Madagaskar bilden das Verbreitungsgebiet dieser Riesenschlange. Die Art ist dämmerungs- und nachtaktiv und verbringt den Tag unter Holz sowie in Erd- oder Baumhöhlen. Mit einer Gesamtlänge von 3 m gehört sie zu den größten Schlangen Madagaskars. Sie ist überwiegend ein Bewohner der feuchten Regenwälder. Die Weibchen bringen nach etwa acht bis neun Monaten Tragzeit lebende Junge zur Welt. Gefressen werden alle kleineren Nager.

Boa constrictor. Sie gehört zu den beliebtesten Riesenschlangen. Ihr Verbreitungsgebiet reicht von Mexico über Mittelamerika bis ins nördliche Argentinien. Bisher unterscheidet man acht Unterarten. Angesichts dieses enormen Verbreitungsgebietes und der Vielzahl von Unterarten ist die Kenntnis der Herkunft der Tiere für den Erhalt von reinen Zuchtstämmen unerläßlich. Grundsätzlich sollte man sich nur Tiere von verantwortungsbewußten Züchtern beschaffen. Eine getrennte Haltung der Geschlechter ist sinnvoll. Zur Paarung setzt man das Weibchen zum Männchen, nicht umgekehrt. Nach einer erfolgreicher Paarung setzen die Weibchen etwa sechs Monate später (je nach Alter der Tiere) bis zu 50 Junge ab.

Candoia bibroni. Diese Boa lebt auf einigen Inseln von Melanesien, Polynesien und den Loyalitäts-Inseln. Durch die isolierte Lage vieler dieser Eilande ist das gesamte Verbreitungsgebiet der Art noch nicht komplett erforscht. Mit einer Gesamtlänge von etwa 2 m gehört sie zu den mittelgroßen Riesenschlangen. Die Tiere klettern nicht sehr gerne, so daß sie sich hauptsächlich im unteren Strauchbereich und am Boden aufhalten. Das Terrarium sollte eine größere Grundfläche aufweisen und einige Kletteräste besitzen. Die relative Luftfeuchtigkeit liegt bei 75–90 Prozent, die Temperatur bei 23–28 °C. Wie alle Boas ist auch die Pazifik-Boa lebendgebärend. Nachzuchten sind sehr selten und bilden bisher die Ausnahme.

Corallus hortulanus cooki. Dies ist eine sehr aggressive Schlange, deren lange, nach innen stehende Zähne beim Zubeißen tief ins Fleisch eindringen können. Beim Nahrungserwerb ist es wichtig, daß die Beute gleich beim ersten Biß gefaßt und gehalten wird. Es sind überwiegend Vögel und kleine Nager, die blitzschnell gepackt und erdrosselt werden. *Corallus h. cooki* ist eine Baumschlange, die man in den Regenwälder von Trinidad und Tobago finden kann. Die Tiere sind dämmerungs- und nachtaktiv. Temperaturen von 25–30 °C und eine relative Luftfeuchtigkeit von 75–90 Prozent müssen bei der Pflege der Schlangen eingehalten werden. Ausreichende Klettermöglichkeiten müssen im Terrarium ebenfalls angeboten werden. Eine Bepflanzung kann vorhanden sein.

Eryx jaculus. Die Sandboa liebt trockene, wüstenhafte Gebiete. Die meiste Zeit verbringen die Schlangen unter Steinen, in Erdlöchern oder im lockeren Bodengrund eingegraben. Es sind Lauerjäger, die ihre Beute blitzschnell packen und erdrosseln. Als Beutetiere kommen sowohl Echsen als auch Mäuse in Frage. Da es sich bei den Schlangen um reine Bodenbewohner handelt, ist nur die Bodenfläche des Terrariums wichtig. Eine Bodenheizung sollte die Temperatur lokal auf 30 °C bringen. In der Nacht kann die Wärme auf 20 °C zurückgehen. Eine drei- bis viermonatige Überwinterung bei 5–8 °C ist Voraussetzung für eine erfolgreiche Zucht. Nach einer Tragzeit von über 100 Tagen bringen die Weibchen ihre Jungen lebend zur Welt.

Lichanura trivirgata. Auffallend ist bei Schlangen dieser Gattung die glatte, glänzende Haut. Im ausgewachsenen Zustand erreichen sie eine Gesamtlänge von etwa 90 cm. Es sind überwiegend trockene, felsige Gebiete, die als Lebensraum bevorzugt werden. Die Tiere sind überwiegend dämmerungs- und nachtaktiv. Eine drei- bis viermonatige Ruhephase bei Temperaturen von 10–15 °C ist für die Zucht ganz wichtig. Anschließend wird die Umgebungswärme am Tage auf 28–30 °C erhöht. Die Weibchen bringen nach einer Tragzeit von etwa 130 Tagen zwischen fünf und zehn Jungtiere zur Welt, die mit einer Gesamtlänge von etwa 30 cm schon recht groß geboren werden. Bei guter Ernährung können die Schlangen bereits nach zwei Jahren geschlechtsreif sein.

Morelia viridis. Der Grüne Baumpython lebt in den Regenwäldern von Neuguinea, einiger kleiner Inseln sowie Nordaustraliens (Cape York). Er ist eine reine Baumschlange, die nur sehr selten den Boden aufsucht. Nach einer kühlen Phase beginnen sich die Tiere zu paaren. Die Schlangen kopulieren mehrmals, wobei ein Paarungsakt mehrere Stunden dauert. Nach etwa 95 Tagen legt das Weibchen seine Eier ab, die von ihm auch bebrütet werden. Hierbei rollt es mehrere Körperringe kegelförmig um das Gelege. Durch zuckende Bewegungen der Körperringe wird die Temperatur am Gelege auf einem günstigen Wert gehalten. Nach etwa 50 Tagen schlüpfen die gelb oder rot gefärbten jungen Schlangen.

Python reticulatus. Der Netzpython ist mit einer Gesamtlänge von bis zu 6 m (in Ausnahmefällen sogar bis zu 8 m) eine der größten Riesenschlangen. Ihrer Größe entsprechend, benötigen die Schlangen recht stattliche Futtertiere, die vor dem Verschlingen erdrosselt werden. Im südostasiatischen Raum hat der Netzpython ein weites Verbreitungsgebiet. Als Bewohner der feuchten Regenwälder findet man ihn häufig in der Nähe von Bächen und Flüssen, wobei er bis in die Ortschaften vordringt. Einzelne Exemplare können sehr aggressiv und angriffslustig sein, und man sollte die Kraft dieser Schlangen nie unterschätzen. Die Weibchen legen Eier, die sie bis zum Schlupf der Jungschlangen bebrüten, die bereits eine Gesamtlänge von über 70 cm haben.

Python sebae. Der Felsenpython besitzt in Afrika südlich der Sahara bis hinunter nach Südafrika ein weites Verbreitungsgebiet. Die meisten Tiere lieben es, lange Zeit im Wasser zu liegen. Bei der Pflege im Terrarium ist ein geräumiges Wasserbecken unbedingt mit einzuplanen, das auf jeden Fall über einen Abfluß verfügen sollte. Mit einer Gesamtlänge von über 4 m erreichen die Tiere eine stattliche Größe. Das Terrarium muß auf die Größe und das Gewicht der Schlange ausgerichtet sein. Stabile Klettermöglichkeiten sind genauso wichtig wie eine große Grundfläche. Als Wärmequelle bietet sich eine lokal verlegte Fußbodenheizung an. Ein Weibchen kann mehr als 50 Eier legen, die es auch bebrütet.

Sanzinia madagascariensis. Man findet die Art in ganz Madagaskar mit Ausnahme des zentralen Hochlandes oberhalb von 1600 m. Die Schlangen haben sich fast allen Lebensräumen hervorragend angepaßt. Erwachsene Tiere bevorzugen den unteren Buschbereich und den Boden, während die Jungtiere sehr gerne klettern. Durch das große Verbreitungsgebiet haben sich unterschiedliche Farbvarianten entwickelt. Die Tiere ernähren sich hauptsächlich von Vögeln und Kleinsäugern. Die Weibchen bringen nach einer Tragzeit von sechs bis sieben Monaten lebende Junge zur Welt. Die Jungtiere haben eine intensiv rote Grundfärbung und werden mit einer durchschnittlichen Gesamtlänge von 430 mm geboren. Sie können sehr aggressiv sein.

Nattern

Ahaetulla nasuta. Der Baumschnüffler gehört zweifellos zu den elegantesten tagaktiven Baumschlangen. Sein Verbreitungsgebiet reicht von Sri Lanka bis nach Thailand. Es handelt sich um eine Trugnatter. Wegen ihrer Giftigkeit und Bissigkeit ist beim Umgang mit ihr Vorsicht geboten. Das Terrarium sollte als Regenwaldbecken eingerichtet werden. Die Temperatur liegt am Tage bei 25–28 °C. Täglich wird das Terrarium am späten Abend überbraust. In der Natur ernähren sie sich überwiegend von Echsen, gelegentlich werden auch kleine Vögel oder Nager gefressen. Die Weibchen bringen voll entwickelte Jungtiere zur Welt, die bei der Geburt eine Länge von über 40 cm haben.

Chionactis occipitalis. Mit ihrer glatten Beschuppung sind diese Schlangen hervorragend an das Leben in Sandwüsten angepaßt. Es sind nachtaktive Tiere, die sich bei der geringsten Störung blitzschnell in den Sand eingraben. Ihr Verbreitungsgebiet reicht vom Südwesten der USA bis nach Nordwest-Mexico. Das Terrarium sollte mit einer 5–8 cm hohen Sandschicht versehen sein. Die Temperatur sollte am Boden bei 25–30 °C liegen. Eine drei bis viermonatige Winterruhe bei Temperaturen von 12–15 °C benötigen die Schlangen, um sich anschließend zu paaren. Die Weibchen vergraben ihre zwei bis neun Eier im feuchten Sand. Die Tiere ernähren sich von allerlei Insekten, Spinnentieren, Mehlwürmern, Wachsmaden und jungen Echsen.

Natrix tesselata. Das Verbreitungsgebiet der Würfelnatter reicht vom südlichen Europa über Südasien bis nach China hinein. In Deutschland und einigen anderen Ländern stehen diese Schlangen unter strengem Schutz. Sie lieben ruhige Gewässer, an deren Ufern sie häufig zu finden sind. Sie können hervorragend schwimmen und tauchen. Ihre Nahrung besteht überwiegend aus Fischen und Amphibien. Kleinere Fische werden unter Wasser gefressen, größere Brocken an Land verzehrt. Um einen günstigen Eiablageplatz zu finden, entfernen sich die Weibchen häufig weit von den Gewässern. Es können 6–20 Eier abgelegt werden. Die Jungen schlüpfen je nach Zeitigungstemperatur etwa acht bis zehn Wochen später. Sie haben dann eine Länge von 14–22 cm.

Rhinocheilus lecontei. Die Wüstengebiete vom Südwesten der USA bis nach Mexico bilden den Lebensraum der Nasennatter. Diese nachtaktive Schlange hält sich nur auf dem Boden auf. Sehr häufig findet man sie in Wüstengebieten mit größeren Felsformationen. Während sie in der Nacht zwischen den Felsen jagt, bieten ihr tagsüber Steine die notwendigen Verstecke. Die Schlange ernährt sich von kleinen Echsen und Säugern. Von Oktober/November bis Februar/März hält sie einen Winterschlaf. Nach der im Frühjahr erfolgenden Paarung legen die Weibchen ihre sechs bis sieben Eier im leicht feuchten Sand ab. In den Sommermonaten Juli und August schlüpfen die etwa 25 cm langen Jungtiere. Bei Gefahr und beim Fang scheiden die Schlangen ein übelriechendes Sekret aus.

Königsnattern

Lampropeltis getulus. Das riesige Verbreitungsgebiet – von den USA bis hinunter nach Mexico – hat die Bildung von insgesamt elf Unterarten begünstigt. In einigen Gebieten überschneiden sich die Populationen und haben sich vermischt, so daß eine eindeutige Zuordnung nicht möglich ist. Die nachtaktiven Schlangen verstecken sich am Tage unter allem, was ihnen Schutz gewährt. Sehr gerne werden größere Holzstücke, Pappen oder Bleche als Unterschlupf angenommen. Es kommt nur eine Einzelhaltung in Frage, da das Nahrungsspektrum neben Nagern auch Schlangen umfaßt. Nach der Winterruhe werden die Geschlechter zur Paarung zusammengesetzt. Je nach Größe und Alter legen die Weibchen bis zu 30 ovale Eier im leicht feuchten Sand ab.

Kletternattern

Elaphe guttata. Intensive Färbung und unproblematische Haltung machen die Kornnatter zu einer der beliebtesten Schlangen. Ihr Verbreitungsgebiet liegt im gesamten Südosten und im Zentrum der USA und erstreckt sich bis in den Nordosten von Mexico. Es haben sich drei Unterarten herausgebildet. Bei der Haltung und Zucht ist die Herkunft der Tiere sehr wichtig, da ihre Ansprüche recht unterschiedlich sind. Durch das Einbringen von armdicken Ästen ins Terrarium gibt man ihnen die Möglichkeit, ihrem Klettertrieb nachzugehen. Ein Wasserbecken sollte immer vorhanden sein.

Elaphe mandarina. Das Hauptverbreitungsgebiet dieser Art liegt im zentralen und südlichen China. Darüber hinaus sind einige Fundorte aus Birma, Indien, Taiwan und Vietnam bekannt. Die Schlangen leben sehr versteckt und sind etwas heikel. Die Haltungstemperatur sollte am Tage bei 20–25 °C liegen und in der Nacht auf unter 20 °C zurückgehen. Diese Tiere benötigten einen weichen Bodengrund und dunkle Verstecke. Eine Winterruhe von zwei bis vier Monaten bei Temperaturen von 8–12 °C ist für die Fortpflanzung wichtig. Die Weibchen vergraben ihre drei bis acht weichschaligen Eier im feuchten Bodengrund. Bei einer Zeitigungstemperatur von 25–28 °C benötigen die jungen Schlangen etwa 42–55 Tage bis zum Schlupf.

Elaphe situla. Das Verbreitungsgebiet der Leopardnatter erstreckt sich vom südlichen Istrien entlang der adriatischen Küste über Albanien bis nach Griechenland, Süditalien und Malta sowie über die Türkei und Bulgarien bis zur Halbinsel Krim. Es handelt sich um eine rein bodenbewohnende Schlange, die hauptsächlich in den frühen Morgenstunden und am späten Nachmittag aktiv ist. Häufig findet man die Tiere unter Steinen, Holz oder großen Grasbüscheln und zwischen den Steinen von Legesteinmauern. Von Oktober bis April wird eine Winterruhe gehalten. Nach der anschließenden Paarung legen die Weibchen in den Monaten Juli und August ihre länglich-ovalen Eier. Nach etwa zwei Monaten schlüpfen die Jungtiere.

Elaphe teniura. Mit ihren sieben Unterarten ist die Schönnatter im ostasiatischen Raum weit verbreitet. Je nach Subspezies variiert die Länge der Schlangen zwischen 130 cm und 250 cm. Es sind tagaktive Tiere, die man genauso häufig auf dem Boden wie in Büschen finden kann. Sie ernähren sich von kleinen Nagern, Vögeln und Vogeleiern. Einige Exemplare scheinen sich auf den Fang von Fledermäusen spezialisiert zu haben. Im Terrarium hält man die Schlangen bei einer Tagestemperatur von 25–28 °C und einer Nachtabsenkung auf 20 °C. Je nach Verbreitungsgebiet machen die indochinesischen Formen einen zwei- bis viermonatigen Winterschlaf durch. Die verschiedenen Unterarten bringen Gelegegrößen zwischen 5 und 25 Eiern hervor.

Landschildkröten

Malacochersus tornieri. Der abgeflachte Panzer der Spaltenschildkröten deutet auf ihre spezielle Lebensweise hin. Durch ihre besondere Struktur sind die Schilder des Panzers weich und elastisch. Die Tiere leben in felsigen Gebieten der ostafrikanischen Steppe. Um der größten Hitze zu entgehen (auch zum Schutz vor Feinden), zwängen sie sich tief in die Felsspalten. Die Männchen können eine Carapaxlänge von über 16 cm erreichen, die Weibchen werden mit über 17 cm größer. Die Weibchen vergraben ihre ein bis zwei Eier im feuchten Sandboden. Sie können bei 26–28 °C in einem Brutapparat gezeitigt werden.

Testudo graeca. Von dieser Art sind bisher sechs Unterarten bekannt. Das riesige Verbreitungsgebiet der Maurischen Landschildkröte reicht von Spanien über Marokko entlang der gesamten afrikanischen Mittelmeerküste durch die Sinai-Halbinsel und die Türkei bis zum Kaukasus beziehungsweise über Griechenland bis nach Rumänien. Die Tiere können in einer Freilandanlage gehalten werden, müssen aber an kühlen Tagen die Gelegenheit haben, sich unter einem Strahler aufzuwärmen. Trockene Verstecke müssen ausreichend vorhanden sein. Wenn man mehrere Tiere zusammen pflegt, sollten die Weibchen immer in der Überzahl sein. Für den Winterschlaf bringt man die Schildkröten in einen frostfreien Keller.

Testudo hermanni. Die Griechische Landschildkröte ist eine der bekanntesten Landschildkrötenarten. Ihre beiden Unterarten bewohnen den europäischen Mittelmeerraum von Spanien bis zur Türkei. Eine ganzjährige Freilandhaltung ist bei diesen Schildkröten möglich, aber auch hier ist auf trockene Verstecke zu achten. Die Anlage sollte immer mehrere Quadratmeter groß sein. Die Tiere paaren sich schon kurz nach der Winterruhe. Eine Überzahl an Weibchen ist ratsam, da die Männchen das ganze Jahr über paarungsaktiv sind. Die Männchen erkennt man an dem nach innen gewölbten Bauchpanzer und dem längeren Schwanz. Die Weibchen können bis zu zwei Gelege, bestehend aus drei bis elf Eiern, ablegen.

Testudo horsfieldii. Die Steppen- und Wüstengebiete Mittelasiens sind das Verbreitungsgebiet der Vierzehen-Landschildkröte. Während die Sommer dort heiß und trocken sind, fallen die Temperaturen im Winter weit unter den Gefrierpunkt. Eine Freilandhaltung kann nur in einer zum Teil mit Glas abgedeckten Anlage erfolgen. Einige Strahler müssen an trüben Tagen die Temperatur lokal auf 30 °C erwärmen. Die Tiere können sich tief in den Boden eingraben. Zur Überwinterung sollte man sie in einem frostfreien Keller unterbringen. Ein bepflanzter Lehm-Sand-Hügel mit einem unbewachsenen Südhang wird wahrscheinlich von den Weibchen als Eiablageplatz angenommen. Die Eier müssen auf jeden Fall künstlich erbrütet werden.

Testudo kleinmanni. Mit einer Carapaxlänge von 12 cm gehört diese Art zu den kleinsten Landschildkröten der Welt. Sie bewohnt den Küstensaum Nordafrikas von Libyen bis Israel. Hier dringen die Tiere meist nicht weiter als 60 km ins Landesinnere vor. In den bewachsenen Küstendünen findet man sie an einigen Stellen noch recht häufig. Die kleinen Schildkröten haben einen ungeheuren Bewegungsdrang und laufen wesentlich schneller als ihre größeren Verwandten. Die Tiere halten keinen Winterschlaf, sondern legen allenfalls im Sommer bei zu hohen Temperaturen eine Sommerruhe ein. Im Mai legen die Weibchen ihre ein bis drei kreisrunden Eier im leicht feuchten Sand ab. Je nach Temperatur schlüpfen die Jungtiere nach etwa 90 Tagen.

Sumpf- und Wasserschildkröten

Terrapene ornata. Das Verbreitungsgebiet der Schmuck-Dosenschildkröte reicht von den mittleren USA bis in den Norden Mexicos. Die Tiere erreichen eine Panzerlänge von etwa 16 cm. Sie besitzen einen geteilten Bauchschild. Bei Gefahr ziehen sie alle Körperteile ein und klappen den Bauchschild nach oben. Diese Schildkröten suchen immer wieder die Nähe von Gewässern auf und gehen sehr gern ins Wasser. In einigen Gebieten halten sie von November bis März eine Winterruhe. Den Sommer über können die Schildkröten in einer Freilandanlage gepflegt werden. Die Weibchen legen etwa vier bis fünf Eier.

Chrysemys picta bellii. Von Kanada über weite Teile der USA bis nach Nordmexiko erstreckt sich ihr Verbreitungsgebiet. Mit einer Panzerlänge von 25 cm ist sie die größte Unterart der Zierschildkröte. Für die Haltung im Gartenteich eignet sich diese Schildkröte am besten. Die Paarungszeit reicht vom März bis in den Juni hinein. Die Kopulation vollzieht sich am Bodengrund des Gewässers, und die Eiablage erfolgt hauptsächlich in den Monaten Juni und Juli. Die bis zu 20 Eier werden an einer geeigneten Stelle in der Nähe des Gewässers vergraben. In unseren Breiten sollte man die Eier in einem Inkubator zeitigen. Durch die Höhe der Zeitigungstemperatur hat man die Möglichkeit, die Geschlechter zu bestimmen.

Clemmys guttata. Die Tropfenschildkröte liebt sumpfige Flachwasserzonen mit starkem Bewuchs. Ihr Verbreitungsgebiet erstreckt sich vom Südosten Kanadas über weite Teile der östlichen USA hinweg bis nach Nordflorida. Mit einer Panzerlänge von 12,5 cm gehört sie zu den kleineren Arten. Den Winter verbringen die Schildkröten am Boden der Gewässer oder unter verrottendem Pflanzenmaterial am Ufer. Im Frühjahr paaren sich die Tiere schon bei recht niedrigen Temperaturen (8–10 °C). Die Männchen sind untereinander sehr streitsüchtig, was bei der Haltung berücksichtigt werden muß. Die Weibchen vergraben ihre drei bis vier weichschaligen Eier in einer etwa 10 cm tiefen Grube. Mit einer Panzerlänge von 2,5 cm sind die Jungtiere recht klein.

Cuora amboinensis. Die Scharnierschildkröte hat im Bauchpanzer ein Quergelenk, durch das sie ihn bis zum Rückenpanzer hin anheben kann. Dadurch werden ihre Weichteile sicher geschützt. Im ausgewachsenen Zustand erreichen die Tiere eine Panzerlänge von 20 cm. Ihr Verbreitungsgebiet reicht von Hinterindien bis zu den Philippinen. Es sind überwiegend Sumpfgebiete, Reisfelder und sumpfige Wälder, in denen die Schildkröten leben, aber auch an den Ufern größerer Seen kommen sie sehr häufig vor. Die Tiere lassen sich in einem Aquaterrarium mit größerem Landteil pflegen. Die Wassertemperatur sollte bei etwa 23 °C liegen, und ein Strahler bringt die Temperatur des Landteils lokal auf 28 °C.

Emys orbicularis. Die Europäische Sumpfschildkröte besiedelt in Europa (mit Ausnahme des Nordens) ein weites Verbreitungsgebiet. Da die Tiere ruhiges Wasser bevorzugen, findet man sie an größeren Flüssen nur in Stillwasserzonen und langsam fließenden Seitenarmen. Wenn sie ungestört sind, liegen sie stundenlang in der Sonne. Hierbei bevorzugen sie feste Plätze, die sie immer wieder aufsuchen. Die Wintermonate verbringen die Schildkröten am Boden der Gewässer. Die Geschlechter sind schon von weitem an der verschieden gefärbten Iris zu erkennen. Bei den Männchen ist sie rot, bei den Weibchen dagegen gelb gefärbt. Im Frühsommer suchen die Weibchen für ihre etwa zehn ziemlich langgestreckten Eier einen günstigen Eiablageplatz auf.

Trachemys scripta elegans. Das Verbreitungsgebiet der Rotwangen-Schmuckschildkröte reicht von den mittleren und östlichen USA bis in den Nordosten von Mexico. Die Weibchen erreichen eine Carapaxlänge von über 20 cm, während die Männchen etwas darunter bleiben. Von Mai bis Oktober ist eine Freilandhaltung für diese Schildkröten sehr sinnvoll. Den Winter sollten sie in einem Aquaterrarium bei einer Wassertemperatur von 10–15 °C verbringen. Die Männchen sind vom Frühjahr bis in den Herbst hinein immer in Paarungsstimmung. Unter günstigen Voraussetzungen legen die Weibchen ihre Eier an einer sonnenbeschienenen Stelle in den Sand. Sie müssen in einem Inkubator bei etwa 28 °C gezeitigt werden.

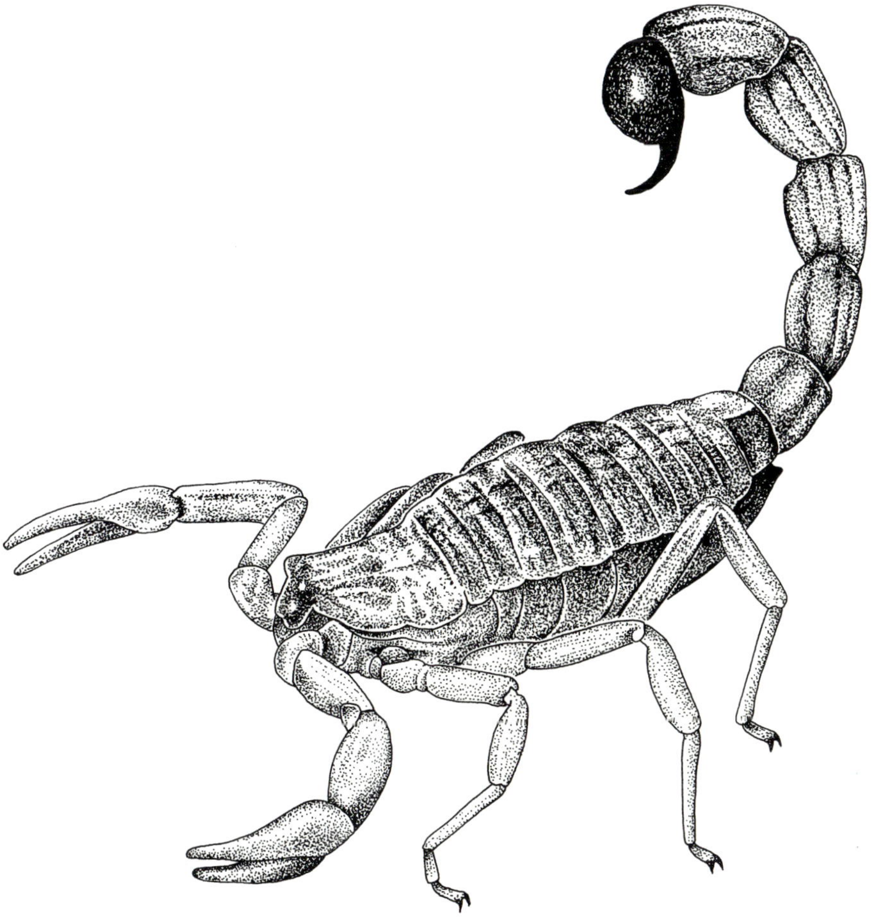

Welche Tiere lassen sich im Terrarium pflegen?

Wir wollen im folgenden versuchen, einen groben Überblick über den doch recht heterogenen und vielfältigen Komplex der »Terrarientiere« zu geben. Gerade dem Anfänger fällt es nämlich oftmals schwer, sich angesichts der riesigen Auswahl zurechtzufinden und die wirklich für ihn geeignete Art aus dem großen Angebot auszuwählen – denn wer sieht schon dem Baby eines Grünen Leguans mit seiner Gesamtgröße von gerade einmal 20 cm an, daß es ausgewachsen eine Länge von rund 1,5 m erreichen kann?

Wirbellose

Die Wirbellosen bilden keine systematische Einheit im eigentlichen Sinne. Zu ihnen zählen neben einzelligen Urtierchen die unterschiedlichsten Formen hochentwickelter Lebewesen. Aus dieser unglaublich vielgestaltigen Gruppe interessieren den Terrarianer vor allem die Gliederfüßer (Arthropoda), die mit rund einer Million bereits beschriebener Arten den bei weitem formenreichsten Stamm des Tierreiches bilden. Man kann sie leicht als solche erkennen, besitzen doch unter den Wirbellosen nur sie gegliederte Körperanhängsel, die mit dem Rumpf und untereinander durch Gelenke beweglich verbunden sind. Ebenfalls charakteristisch ist ihr Außenskelett, das – stark vereinfacht – aus Gerüsteiweiß und Chitin besteht, einem dem Zellstoff ähnlichen Kohlenhydrat. Es gibt wohl – wenn man vom Ewigen Eis absieht – kein Biotop, das nicht von Gliederfüßern erschlossen worden wäre. Für eine angemessene Pflege ist daher eine möglichst genaue Kenntnis des jeweiligen Herkunftsortes und der betreffenden Lebensgewohnheiten unumgänglich.

Das Außenskelett ist ein besonderes Kennzeichen der Gliederfüßer.

Insekten

Innerhalb der Wirbellosen stellen die Insekten oder Kerbtiere neben den Vogelspinnen ohne Zweifel die bedeutendste Gruppe unter unseren Terrarienbewohnern dar. Mit über 900000 beschriebenen Arten und einer geschätzten Gesamtzahl von über zwei Millionen Spezies (O'Toole [1996] geht sogar von 15 bis 30 Millionen Arten aus) stellen sie die mit Abstand formenreichste Gruppe der Gliederfüßer dar.

Ganz allgemein lassen sich Insekten als Lebewesen beschreiben, deren Körper aus drei Abschnitten zusammengesetzt ist: der Kopf, die Brust und der Hinterleib. Die meisten wichtigen Sinnesorgane – wie Mundwerkzeuge, Fühler, Kiefertaster und Augen – sitzen am Kopf, Beine und Flügel an der Brust.

Im Zuge seiner Entwicklung vom Ei zum erwachsenen Tier – auch Imago oder Vollkerf genannt – macht jedes Insekt entweder eine vollkommene oder eine unvollkommene Verwandlung durch. Die erstgenannte wird auch als holometabol oder Metamorphose, letztere als hemimetabole Verwandlung bezeichnet.

Die zwei Varianten lassen sich im Prinzip recht einfach unterscheiden. In beiden Fällen entschlüpft dem Ei eine Larve, die im Laufe ihrer Entwicklung ständig wächst und sich dabei mehrmals häutet. Bei der vollkommenen Verwandlung häutet sich die ausgewachsene Larve am Beginn der Metamorphose zu einer Puppe, aus welcher nach einer gewissen Zeit die Imago hervorgeht. Die bekanntesten Beispiele für diesen Entwicklungstypus sind die Schmetterlinge und Käfer.

Im Gegensatz dazu schlüpft im Zuge der unvollkommenen Verwandlung das fertige Insekt aus dem letzten Larvenstadium, das ihm bereits sehr ähnelt.

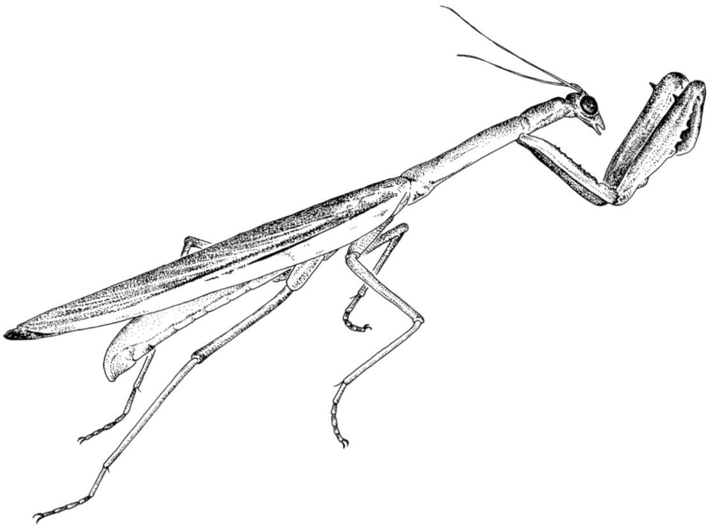

Gottesanbeterinnen sind leicht an den Vorderbeinen zu erkennen, die ihnen ihren Namen gegeben haben.

Nach einer artspezifischen Entwicklungszeit, die im allgemeinen abhängig von den Temperaturen und der relativen Luftfeuchtigkeit beziehungsweise der Substratfeuchte ist, schlüpfen die Jungtiere. Nur während des Larvenstadiums wachsen die Insekten, denn ausgewachsene Individuen behalten zeitlebens ihre Größe bei.
Auch die Insekten sind nahezu weltweit vertreten und in entsprechend unterschiedlichen Behältern zu pflegen. In diesem Zusammenhang sei hier nur auf die weiterführende Literatur hingewiesen, wie zum Beispiel Kallas et al. (1996).

Gottesanbeterinnen

Die für uns interessantesten Insekten stellen sicher die Fangschrecken oder Gottesanbeterinnen dar. Schon von alters her erregten sie wegen ihres bemerkenswerten Beutefang-, Paarungs- und Abwehrverhaltens die Neugier der Menschen. Daher verwundert es auch nicht, daß diese faszinierenden, teilweise recht attraktiv gefärbten und erfreulicherweise tagaktiven Tiere sich heute solcher Beliebtheit erfreuen.

Den Namen »Gottesanbeterinnen« verdanken sie ihrer charakteristischen Körperhaltung, die an die eines betenden Menschen erinnert. In Wirklichkeit handelt es sich jedoch um die Lauer- und Ruhestellung dieser eleganten Jäger, bei der die zu Greiforganen umgebildeten Vorderbeine unter der Vorderbrust »betend« zusammengefaltet werden. Vorbeilaufende oder -fliegende Beute wird in Sekundenbruchteilen gefangen. Als Futtertiere eignen sich vor allem Fluginsekten, für die Larven Fruchtfliegen (*Drosophila*), für die erwachsenen Tiere Stuben-, Schmeiß- oder Goldfliegen.

Nach erfolgter Begattung müssen die Weibchen besonders reichlich und häufig gefüttert werden. Ihr Hinterleib bläht sich infolgedessen stark auf, und es kommt in den nächsten Tagen zur Ablage eines Eikokons (Oothek). Dieser sollte mitsamt der Unterlage, an die er geheftet wurde, in einen speziellen Behälter überführt werden, dessen Substrat immer leicht feucht zu halten ist. Bei Temperaturen von + 30 °C schlüpfen die Larven nach sechs bis zehn Wochen.

Zu den Gottesanbeterinnen gehören acht Familien mit mehr als 425 Gattungen und insgesamt über 2250 Arten. Gottesanbeterinnen leben hauptsächlich in den Tropen und Subtropen, und nur wenige Arten findet man auch in gemäßigteren Klimaten, in Deutschland etwa *Mantis religiosa* am Kaiserstuhl.

Die Pflege dieser wärmeliebenden Insekten erfolgt am besten in gut belüf-

Gottesanbeterinnen sollten einzeln gehalten werden, da sie zum Kannibalismus neigen.

teten Glasterrarien oder Gazebehältern. Wichtig ist, daß die Lüftungsfläche im Deckel aus Kunststoff besteht, da sich an Metallgaze die Beine der Tiere verhaken und eventuell abreißen können. Fast alle Arten benötigen sehr lichtintensive Beleuchtungskörper wie Halogenstrahler oder Metalldampf-Entladungslampen. Auch reine Leuchtstofflampen der Lichtfarbe »Tageslicht« können ausreichend sein.

Erwähnt werden muß noch der ausgeprägte Kannibalismus der Gottesanbeterinnen. Ihm kann man bei gemeinsamer Aufzucht mehrerer Larven nur dadurch vorbeugen, daß immer für ausreichend viele Futtertiere im Aufzuchtbehälter gesorgt wird. Spätestens ab dem vorletzten Larvenstadium empfiehlt es sich jedoch bei den meisten Arten, die Tiere einzeln oder wenigstens nach Geschlechtern getrennt aufzuziehen. Die Weibchen der Gottesanbeterinnen stehen zu Unrecht im Rufe, überdurchschnittlich stark zum »Begattungskannibalismus« zu neigen, kommt dieses Verhalten doch hauptsächlich im Terrarium aufgrund der eingeschränkten Fluchtmöglichkeiten vor. Auch hier sei wieder auf die weiterführende Literatur hingewiesen, wie zum Beispiel Kallas et al. (1996).

Stab- und Gespenstschrecken

Nahezu gleich interessant wie die Gottesanbeterinnen sind die Stab- und Gespenstschrecken (Phasmida). Zu ihnen gehören zahlreiche heute sehr beliebte Arten von Terrarientieren. Der Ursprung des Namens »Phasmida« liegt im griechischen Wort »Phasma« (Geist, Gespenst). Es handelt sich um eine mit über 2500 Arten vergleichsweise kleine Gruppe der Insekten, die jedoch eine schier unglaubliche Vielfalt von Farben und Formen hervorgebracht hat. Ihre Körperform dient den Tieren als Tarnung, so daß sie zwischen Zweigen und Blättern nahezu unsichtbar sind.

Ungeachtet der oben genannten umgangssprachlichen Bezeichnung werden die Phasmiden allgemein in drei Formengruppen eingeteilt: Die stabförmigen Arten werden Stabschrecken, die Arten mit massigem Körper Gespenstschrecken und die blattförmigen Wandelnde Blätter genannt.

Einige Arten können eine Körperlänge von rund 38 cm erreichen, und selbst die kleinsten messen noch etwa 2 cm. Das Verbreitungsgebiet der Stab- und Gespenstschrecken ist sehr ausgedehnt und erstreckt sich über die gesamten Tropen und Subtropen. Ihre Eier können die unterschiedlichsten Formen aufweisen: Neben kugel- oder eiförmigen, ovalen, spiralartig verdrehten, spitz zulaufenden und vielfältig abgeflachten Varianten kommen auch solche vor, die einem zusammengefalteten Blatt ähneln. Ebenso variabel fällt die Färbung aus.

Gepflegt werden die meisten Stab- und Gespenstschrecken in einem ganz normalen Glasterrarium mit unterschiedlich großen Lüftungsflächen (je nachdem, ob sie eine hohe oder niedrige relative Luftfeuchtigkeit benötigen). Die Angehörigen nur weniger Arten lassen sich in einfachen Gazebehältern unterbringen, ohne daß der Raum besonders klimatisiert werden muß.

Ein besonderes Problem bei der Pflege dieser Insekten stellt die Fütterung dar, ernähren sich die Tiere doch ausschließlich von Laub. Hierfür stellt man einige Äste mit frischen Blättern in ein mit Wasser gefülltes Gefäß, das an der Oberseite mit Watte oder Zellstoff verschlossen werden muß, damit die Tiere nicht ertrinken können (die Haltbarkeit der Blätter erhöht sich durch die Zugabe von einem Eßlöffel Zucker je Liter Wasser erheblich). Das Ganze stellt man nun ins Terrarium und tauscht es erst aus, wenn alle Blätter aufgefressen oder stark verwelkt sind. Die Tiere der meisten Arten akzeptieren das Laub der Brombeere (das uns auch im Winter zur Verfügung steht), aber auch Blätter von Himbeeren, Rosengewächsen, Guaven, Eichen und Buchen. Nur wenige sind ausgesprochene Nahrungsspezialisten und ernähren sich nur von einer ganz bestimmten Futterpflanze. Nähere Angaben zu den interessantesten Arten finden Sie unter anderem in Kallas et al. (1996).

Spinnentiere

Ebenfalls sehr bedeutsam für die Terraristik sind zahlreiche Spinnentiere. Trotz ihrer beeindruckenden Formenvielfalt (die offenkundig wird, wenn man etwa das Erscheinungsbild eines Skorpions mit dem einer Vogelspinne vergleicht) läßt sich ihr Körperbau auf einen gemeinsamen Grundbauplan zurückführen. Ganz allgemein gliedert sich ihr Körper in zwei Abschnitte, deren vorderer als Prosoma, der hintere hingegen als Opisthosoma bezeichnet wird. Am Vorderkörper folgen auf die Mundregion insgesamt sechs gliedmaßentragende Abschnitte (Segmente). Das auffälligste Merkmal ist das erste Extremitätenpaar (Cheliceren), das im ursprünglichen Fall scherenartig, bei den Echten Spinnen jedoch zu Giftklauen umgebildet worden ist. Zahlreiche Spinnentiere leben räuberisch, während andere zu Parasiten geworden sind.

Die Klasse der Spinnentiere (Arachnida) wird in elf Ordnungen unterteilt, von denen für uns nur die Skorpione (Scorpiones) und die Webspinnen (Araneae) interessant sind.

Skorpione

Eine der interessantesten Gruppen bilden sicher die Skorpione, bei denen es sich wahrscheinlich um die ursprüglichsten Spinnentiere überhaupt handelt. Sie werden – ebenso wie die Vogelspinnen – sehr häufig in Terrarien gepflegt. Bis heute konnten über 1500 zwischen 13 und 250 mm lange Arten beschrieben werden, deren systematische Zuordnung teilweise – insbesondere für den Laien – sehr schwierig ist.

Das Verbreitungsgebiet der Skorpione ist riesig: Es umfaßt auf der nördlichen und südlichen Erdhalbkugel nahezu den ganzen Raum zwischen den beiden 50. Breitengraden. Somit dürfte es schon unmittelbar einsichtig sein, daß eine angemessene Haltung ohne nähere Kenntnis des jeweiligen Lebensraumes kaum möglich ist. Man trifft Skorpione in den unterschiedlichsten Habitaten an – vom Spülsaum des Meeres über die Sanddünen und das Tiefland mit seinen Regenwäldern, Savannen, Stein- und Sandwüsten bis in die höchsten Gebirgsregionen.

Wegen der ausgeprägten innerartlichen Aggressivität sollten diese Tiere immer einzeln in kleinen Terrarien gepflegt werden. Nur zur Paarung werden die unterschiedlichen Geschlechter zusammengesetzt. Die nachtaktiven Räuber nehmen meistens das übliche Spektrum an Futtertieren an, die mit den Scheren ergriffen und zerdrückt werden. Nur bei ausgesprochen wehrhaften Beutetieren setzen Skorpione ihren Giftstachel ein.

Erwähnenswert ist noch das besondere Fortpflanzungsverhalten. So geht der eigentlichen Verpaarung immer ein sogenannter »Skorpionstanz« voraus, der dazu dient, das Paarungsverhalten zu synchronisieren und die Aggressivität des Weibchens zu mindern. Die Übertragung des Samenpaketes erfolgt dabei in der Weise, daß das Männchen seine Spermatophore auf dem Untergrund anheftet und seine Partnerin so darüber hinwegdirigiert, daß sie das Samenpaket mit der Afteröffnung aufnehmen kann. Nach einer Trächtigkeit von einigen Monaten gebären die Weibchen zahlreiche Jungtiere, die in der ersten Zeit auf dem Rücken der Mutter leben.

Ist von den Skorpionen die Rede, so denkt man unweigerlich an ihren Giftstachel, der am Ende des meist fälschlich als »Schwanz« bezeichneten Postabdomens sitzt. In seiner stark ver-

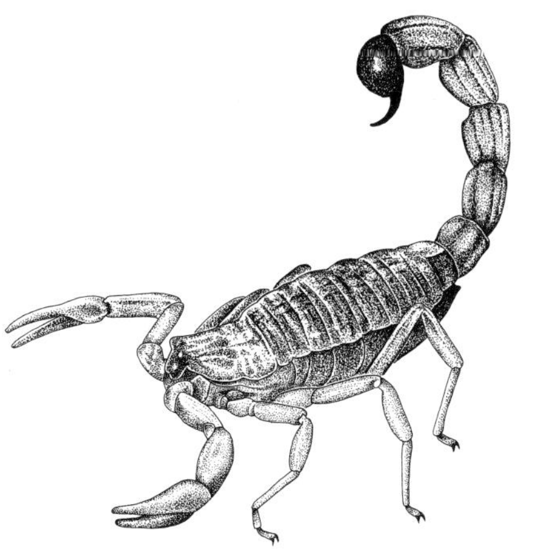

Skorpione gehören nicht zu den Insekten, sondern zu den Spinnentieren.

Vogelspinnen sind in den letzten Jahren zu beliebten Terrarientieren geworden.

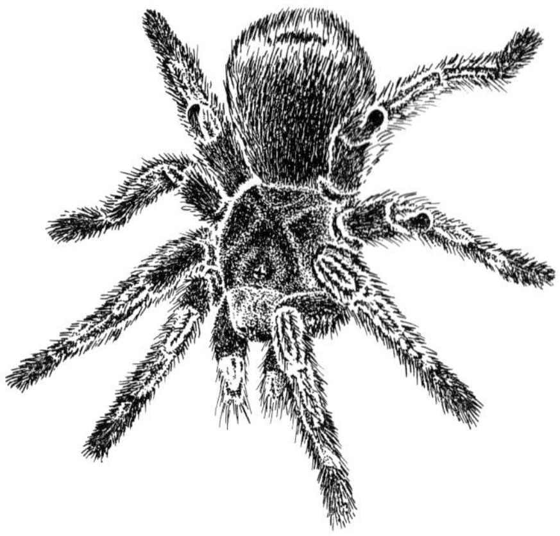

größerten Basis sind zwei durch eine muskulöse Scheidewand getrennte Giftdrüsen untergebracht, deren Inhalt durch Zusammenpressen der Muskeln über die im Stachel verlaufenden Kanäle in das Opfer gespritzt werden kann. Vor allem interessiert uns in diesem Zusammenhang die Frage nach der Gefährlichkeit des Giftes. Sie läßt sich allerdings nicht pauschal beantworten. Zwar besitzen Skorpione nur relativ weniger Arten ein auch für den Menschen gefährliches oder gar tödliches Toxin, doch kann jeder noch so harmlose Stich – vor allem bei Allergikern – schwere gesundheitliche Schäden nach sich ziehen. Skorpione gehören daher – wie alle Gifttiere – ausschließlich in die Hand von verantwortungsvollen Spezialisten, die ihre Pfleglinge für unbefugte Personen unerreichbar aufbewahren. Auch hier sei auf die weiterführende Literatur hingewiesen, wie zum Beispiel Lippe et al. (1998).

Vogelspinnen

Die Familie der Vogelspinnen besiedelt mit ihren etwa 800 Arten weite Teile der Tropen und Subtropen. Entsprechend vielfältig sind auch in diesem Falle die Lebensräume. Bei den meisten häufiger erhältlichen Arten haben wir es jedoch mit Bodenbewohnern zu tun, die sich als dämmerungs- und nachtaktive Lauerjäger tagsüber in ihren Höhlen, unter Steinen, Baumstämmen und ähnlichen Gegenständen verborgen halten. Erst bei Einbruch der Dunkelheit zeigen sie sich dann am Höhleneingang, wo sie zufällig des Weges kommenden Beutetieren auflauern. Das Opfer wird mit den Cheliceren erfaßt und ins Innere der Wohnhöhle gezerrt, sobald die Spinne es durch Bodenerschütterungen oder ähnliche Signale »geortet« hat. Im Terrarium fressen die Tiere jedes lebende Futterinsekt etwa bis zu ihrer eigenen Körpergröße.

Seltener werden hingegen baumbewohnende Arten angeboten, die in hohlen Stämmen oder zu »Kunsthöhlen« versponnenen Zweigen und Blättern leben. Auch sie gehen nur nachts in der unmittelbaren Umgebung ihres Versteckes auf Beutefang. Während die meisten Baumbewohner feuchtwarme Waldgebiete besiedeln, sind die am Boden lebenden Arten sowohl in trockenen Wüstengebieten als auch in eher feuchten Hochwaldzonen anzutreffen.

Analog zu diesen unterschiedlichen Lebensräumen muß das Terrarium entsprechend dimensioniert sein. Bodenbewohner erhalten einen Behälter mit einer möglichst großen Bodenfläche, wobei die Einrichtung je nach Herkunftsgebiet (trocken oder feucht) entweder aus einem möglichst hohen Erd-Sand-Gemisch (natürlich abhängig von der Größe der Spinne, meist etwa 15 cm) oder einem gleichmäßig feuchten Substrat wie Vermiculite besteht. Zusätzlich kann man noch eine Steinplatte, ein Stück Rinde oder einige dickere Kletteräste in den Behälter integrieren. Baumbewohner hingegen erhalten möglichst hohe Terrarien, deren Einrichtung aus einer dünnen, stets feucht zu haltenden Bodenschicht, zahlreichen Kletterästen und einer Korkröhre oder einem Vogelnistkasten als Versteck besteht.

Unter den Vogelspinnen finden sich die eindrucksvollsten lebenden Vertreter der Spinnentiere: Bei den größten Arten stößt man auf Exemplare mit einer maximalen Körperlänge von etwa 12 cm, während die Spannweite der Laufbeine bis zu 25 cm betragen kann. Wer sich mit der Pflege von Vogelspinnen beschäftigen will, sollte nicht vergessen, daß einige Arten ein Alter von 20 und mehr Jahren erreichen können. Auch diese Tiere gehören nur in die Hände von verantwortungsbewußten Liebhabern, die ihre Tiere sicher und für unbefugte Personen (Kinder) unerreichbar pflegen. Unumgänglich ist auch hier wieder die Anschaffung weiterführender Literatur, wie zum Beispiel Klaas (1989).

Amphibien

Die Klasse der Amphibien wird in drei noch existierende (rezente) Ordnungen unterteilt, von denen nur die Frösche und Kröten (Froschlurche, Anura) beziehungsweise die Salamander und Molche (Schwanzlurche, Urodela) für die Terraristik von besonderem Interesse sind. Die Amphibien waren die ersten Wirbeltiere, die das Wasser verließen, um das feste Land als neuen Lebensraum zu erobern. Jedoch konnten sie sich bis heute nicht vollständig vom feuchten Element lösen: »amphibisch« bedeutet soviel wie »zwischen Land und Wasser lebend«. Deshalb müssen sie auch fast immer in recht feuchten Terrarien oder sogar Behältern mit großen Wasserteilen gepflegt werden. Fast alle Arten sind zur Fortpflanzung auf das nasse Element angewiesen, da sich die Kaulquappe dort zum fertigen Lurch entwickelt.

Sämtliche Amphibien sind wechselwarme Tiere, deren Aktivität stark von der Umgebungstemperatur abhängig ist. Ihre Haut besteht aus zwei Schichten, der Dermis (Unterhaut) und der Epidermis (Oberhaut). In der Unterhaut befinden sich die Schleim- und Giftdrüsen sowie die Farbpigmente. Das von den Schleimdrüsen laufend abgesonderte Sekret hat die für alle landbewohnenden Amphibien lebenswichtige Aufgabe, die Haut feucht zu halten, um somit die Hautatmung – sie erfolgt mittels zahlreicher in der Haut verteilter Blutkapillaren – zu ermöglichen.

Das auf der Körperoberfläche verteilte Giftsekret – dessen Toxizität bei einigen Arten nur schwach, bei anderen stark ausgeprägt ist – wird von mikroskopisch kleinen Hautdrüsen ausgeschieden, die vor allem dann zu arbeiten beginnen, wenn der Lurch »unter Streß« steht. Die Funktion dieser Toxine dürfte wohl darin bestehen, das Tier für seine Feinde ungenießbar zu machen und es vor Mikroorganismen – wie etwa Bakterien und Pilzen – zu schützen, die ja in dem üblicherweise vorwiegend feuchten Milieu hervorragend gedeihen können.

Da alle Amphibien auf eine feuchte Umgebung angewiesen sind, empfehlen sich für ihre Pflege in der Regel silikongeklebte Glasterrarien. Einheimische Arten sollten am besten nur frei im Garten gepflegt werden, doch ist auch hierbei einiges zu beachten (vergleiche Brand & Schmidt 1998).

Amphibien müssen in feuchten Terrarien oder Behältern mit Wasserteil gepflegt werden.

Frösche und Kröten

Frösche und Kröten – diese althergebrachte Einteilung der Froschlurche ist heute eigentlich nicht mehr haltbar, versteht man doch unter Kröten oftmals nur noch die Froschlurche der alten Gattung *Bufo* – lassen sich leicht von anderen Tieren unterscheiden. Schon früh in ihrer Entwicklungsgeschichte nahmen sie ihre jetzige Körperform an, die sich als Anpassung an eine hüpfenden Fortbewegung verstehen läßt. Ihre hervorstechendsten Kennzeichen sind der stark verlängerte Knöchel, der dem Hinterbein beim Sprung einen zusätzlichen mechanischen Vorteil verleiht, und die kurze, recht starre Wirbelsäule. Die Bestimmung der Familien- oder Artzugehörigkeit erfolgt meistens anhand der äußeren Gestalt, Körpergröße, Hautbeschaffenheit, Pupillen-, Finger- und Zehenform.

Trotz ihres im wesentlichen einheitlichen Grundbauplanes haben sich die Frösche zahlreichen Lebensräumen angepaßt und dabei unterschiedliche Formen angenommen. Tiere mancher

Arten sind reine Baumbewohner, die fast nie auf den Boden hinabsteigen. Andere sind rein terrestrisch (am Boden lebend), während wieder andere als Grabspezialisten fast ausschließlich unter der Erdoberfläche leben und noch andere sich ausschließlich im Wasser aufhalten. Dementsprechend muß auch der Behältertyp ausgewählt werden: in Frage kommen Aquarien, Aquaterrarien und Glasterrarien mit nicht zu großen Lüftungsflächen, damit stets für eine ausreichend hohe relative Luftfeuchtigkeit gesorgt ist. Die Temperaturen für die meisten geeigneten Terrarienpfleglinge sollten ungefähr auf Zimmertemperaturniveau oder knapp darüber liegen. Wer mehr über diese Gruppe erfahren will, dem sei das Buch von Schulte (1980) empfohlen.

Wabenkröten und Krallenfrösche (Pipidae)

Schon recht lange erfreuen sich die rein wasserbewohnenden (aquatischen) Wabenkröten und Krallenfrösche großer Beliebtheit. Bekannt wurden sie vor allem durch die Entdeckung, daß ein Krallenfroschweibchen innerhalb von 5 bis 24 Stunden Eier legt, nachdem ihm der Urin einer schwangeren Frau eingespritzt worden ist. Diese zu den Zungenlosen (Aglossa) gehörenden Arten sind leicht an ihrem dem Leben im Wasser angepaßten Körperbau zu erkennen: Der Kopf ist nur unmerklich vom stromlinienförmigen Körper abgesetzt, die Füße ihrerseits sind mit riesigen Schwimmhäuten versehen. Das Verbreitungsgebiet der Tiere liegt im südlichen Afrika und im nördlichen Südamerika, wo sie die unterschiedlichsten Gewässer bewohnen.

Es handelt sich bei ihnen um äußerst attraktive Aquarienbewohner, die sich vor allem durch ihr fesselndes Fortpflanzungsverhalten auszeichnen.

Pfeilgiftfrösche sind aufgrund ihres attraktiven Aussehens zu beliebten Terrarientieren geworden.

Unken

Auch die recht urtümlich wirkenden Unken (Gattung *Bombina*) halten sich fast ausschließlich in Gewässern oder an deren Ufern auf. In feuchtwarmen Aquaterrarien lassen sich vor allem die Riesenunke (*Bombina maxima*) und die Chinesische Rotbauchunke (*Bombina orientalis*) pflegen. Diese Froschlurche sind sehr gefräßig und verschlingen beeindruckende Mengen von Grillen, Heimchen, Würmern, Maden, Raupen und anderes. Insgesamt handelt es sich um eher anspruchslose Pfleglinge, die sich auch leicht vermehren lassen.

Trotz ihrer stark an das Leben im Wasser angepaßten Lebensweise ähneln sie schon mehr als die Krallenfrösche einem typischen Froschlurch. Dreht man ein Tier blitzschnell auf den Rükken, so fällt es in eine Art Schreckstarre. Während dieses Totstellverhaltens biegt der Frosch das Kreuz hohl durch, zieht die Gliedmaßen an und präsentiert seine mit Warnfarben geschmückte Unterseite. Gestreßte Tiere können über ihre Rückendrüsen große Mengen eines die Schleimhäute stark reizenden Giftes ausscheiden. Das Verbreitungsgebiet der Gattung *Bombina* erstreckt sich über weite Teile Europas und Asiens. Die beiden europäischen Arten eignen sich gut zur Pflege im Gartenteich, während andere wegen der Gefahr der Faunenverfälschung hier nichts zu suchen haben.

Pfeilgiftfrösche

Unter den zahlreichen häufiger im Terrarium gehaltenen Froschlurchen nehmen die tagaktiven Pfeilgiftfrösche eine ganz besondere Stellung ein. Dank ihres überaus attraktiven Aussehens – nicht umsonst werden zahlreiche Arten als »Juwelen« in unseren Terrarien bezeichnet –, ihrer interessanten und teilweise einmaligen Verhaltensmuster und ihrer geringen Größe (Tiere der meisten Arten erreichen nur Größen von 15 bis 60 mm) stellen sie ideale Terrarienpfleglinge dar.

Ihr Verbreitungsgebiet umfaßt weite Teile Mittel- und Südamerikas, wo sie fast ausschließlich den Waldboden beziehungsweise Waldränder, Lichtungen und Plantagen bewohnen. Das Klima kann insgesamt als warm bis feuchtwarm charakterisiert werden. Folglich benötigen die Frösche geräumige Glasterrarien mit nicht zu großen Lüftungsflächen, damit eine konstant hohe relative Luftfeuchtigkeit von tagsüber 70 bis 80% und nachts nahezu 100% gewährleistet ist. Oftmals empfiehlt sich der Einsatz eines Ultraschall-Luftbefeuchters, da Pfeilgiftfrösche auf die höhere relative Luftfeuchtigkeit immer mit einer deutlichen Aktivitätssteigerung reagieren. Die Haltungswärme sollte in der Regel tagsüber bei etwa 25 °C liegen und nachts auf Zimmertemperaturniveau abfallen. Bei der Gestaltung der Einrichtung kann man weitgehend nach Belieben verfahren, nur sollten immer ein kleiner Wasserteil und eine üppige, möglichst aus Bromelien zusammengesetzte Bepflanzung vorhanden sein.

Auf welchen Umstand ist nun der gefährlich klingende Name »Pfeilgiftfrösche« für diese überaus attraktiven Pfleglinge zurückzuführen? Sie verdanken ihn jenen Indianerstämmen, die westlich der Anden im pazifischen Stromgebiet Kolumbiens leben und den dort vorkommenden *Phyllobates terribilis* zur Gewinnung eines mit Recht gefürchteten Giftes nutzen. Dazu streichen sie mit ihren Pfeilspitzen einfach über den Rücken eines dieser Tiere.

Wesentlich bekannter sind Pfeilgiftfrösche wegen ihres interessanten und vielseitigen Brutpflegeverhalten: So legen die Weibchen an geschützten Plätzen im Terrarium ihre Gelege ab, die anschließend – da sie sich nicht unter Wasser befinden – meist von den Männchen laufend bewässert werden müssen. Sobald die Kaulquappen schlupfreif sind, setzt sich das Männchen – bei einigen Arten auch das Weibchen oder beide Geschlechter – neben das Gelege, und die Larven schlängeln sich auf den Rücken des Elterntieres. Das bringt die Kaulquappen anschließend zu einem Kleinstgewässer, wie einem Bromelientrichter, dem Wasserteil des Terrariums oder ähnlichem. Die Behandlung der Gelege und die Aufzucht der Larven ist nicht einfach; daher sei jedem Interessierten das Buch von Schmidt & Henkel (1995) empfohlen.

Die meisten Laubfrösche besitzen scheibenartig verbreiterte Zehenspitzen, die als Haftorgane dienen.

Laubfrösche

Streng genommen werden nur die Vertreter der Familie Hylidae als Laubfrösche bezeichnet, jedoch faßt man oft eine ganze Reihe tropischer Froscharten – wie zum Beispiel die Ruderfrösche (Rhacophoridae) oder die Riedfrösche (Hyperoliidae) – unter dieser Bezeichnung zusammen. Wir wollen alle diese Frösche hier nicht nach streng wissenschaftlichen Namenskriterien behandeln, da ihre für den Terrarianer bedeutsamen Gemeinsamkeiten doch überwiegen. So bewohnen sie fast durchweg sehr ähnliche Biotope und weisen dementsprechend nahezu identische Lebensgewohnheiten auf, so daß sie in Terrarien des gleichen Typs gepflegt werden können.

Laubfrösche leben bevorzugt auf Bäumen und im Gestrüpp, und nur sehr wenige Arten haben sich ganz bestimmten Habitaten angepaßt (beispielsweise der Bromelienlaubfrosch, *Hyla ebraccata*, der – wie schon sein Trivialname sagt – sehr häufig an oder in Bromelien zu finden ist). Oftmals halten sich die Frösche in unmittelbarer Nähe von Gewässern auf, die sie dann auch zur Eiablage nutzen. Als Anpassung an diesen Lebensraum und ihre kletternde Lebensweise besitzen die meisten Arten scheibenartig verbreiterte Finger- und Zehenspitzen. Diese Gebilde dienen als Haftorgane, da nach dem Prinzip eines Gummisaugers beim Zusammenziehen der zapfenartig aufgebauten Hautstrukturen (kleiner, haarförmiger Zellen) ein Vakuum entsteht, das den Fröschen die Kraft zum siche-

Als Kröten werden die überwiegend am Land lebenden Froschlurche bezeichnet. Um die Bezeichnung einer Gruppe im zoologischen Sinne handelt es sich nicht.

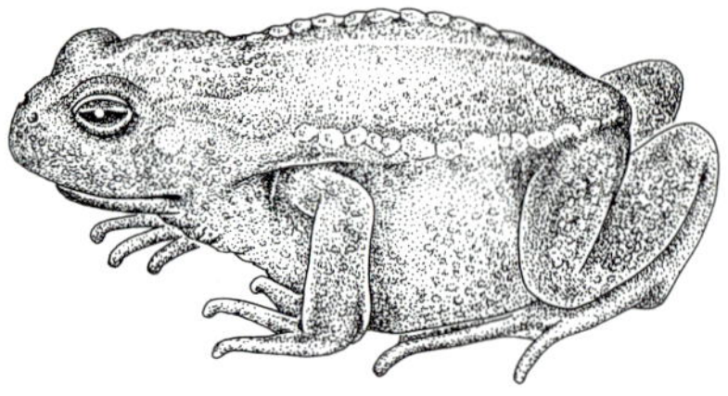

ren Festhalten und zur Fortbewegung in luftigen Höhen verleiht.

Laubfrösche bewohnen in großer Mannigfaltigkeit Lebensräume der Tropen und Subtropen unserer Erde, soweit nur ein ausreichendes Maß an Feuchtigkeit vorhanden ist. Selbst in Deutschland lebt eine Art, der bekannte Grüne Laubfrosch (*Hyla arborea arborea*).

Gepflegt werden diese Lurche in geräumigen, je nach Lebensraum unterschiedlich gestalteten Terrarien, die in Anbetracht des beachtlichen Sprungvermögens der Tiere im Grunde gar nicht zu groß dimensioniert werden können. Die Einrichtung muß sorgfältig auf die Bedürfnisse der jeweils gepflegten Art zugeschnitten sein, doch sollten ein geräumiger Wasserteil, zahlreiche Kletteräste und eine üppige Bepflanzung niemals fehlen.

Da es sich fast ausschließlich um rein nachtaktive Jäger handelt, empfiehlt sich als Aufstellplatz für das Terrarium ein auch am Abend nutzbares Zimmer, gewöhnen sich die Tiere doch recht schnell an das Leben außerhalb des Behälters, so daß sie sich bald ungestört beobachten lassen.

Für Tiere der meisten Arten sollte die Haltungswärme tagsüber auf etwas erhöhtem Zimmertemperaturniveau – etwa 25 °C – liegen und nachts leicht abfallen. Sehr von Vorteil ist eine automatische Beregnungs- oder Sprühanlage, da das Imitieren einer Regenzeit oftmals Voraussetzung für die erfolgreiche Nachzucht ist. Die Frösche fressen die üblichen Futtertiere, besonders gern aber Nachtfalter und andere Fluginsekten. Wer mehr über diese Gruppe erfahren will, dem sei das Buch von Schulte (1980) empfohlen.

Kröten

Bei den Echten Kröten aus der Familie Bufonidae handelt es sich um recht kompakt gebaute Froschlurche, für die überwiegend eine bodenbewohnende Lebensweise charakteristisch ist. Als nachtaktive Jäger durchstreifen sie in feuchtwarmen Nächten ihr Revier, immer auf der Suche nach Freßbarem. Bei einer Mahlzeit können die Tiere oftmals schier unglaubliche Mengen verschlingen. Kröten sind heute nahezu weltweit verbreitet, wenn man einmal von den arktisch-subarktischen und ähnlich kalten Regionen der Erde absieht. Selbst Australien, ein vormals »krötenfreier« Kontinent, wird inzwischen nahezu flächendeckend von der durch den Menschen eingeschleppten Aga-Kröte (*Bufo marinus*) bewohnt. Nur wenige große, festlandferne Inseln wie Madagaskar, Neuguinea und Neuseeland scheinen von diesen Froschlurchen noch nicht besiedelt worden zu sein.

Kröten lassen sich in Glasterrarien mit einer möglichst großen Bodenfläche pflegen. Die typische Einrichtung besteht aus einem größeren Wasserteil, der aber fast nur zur Fortpflanzung aufgesucht wird, einer hohen, der Grabetätigkeit der Tiere förderlichen Substratschicht – ideal ist ein Sand-Torf-Erd-Gemisch – und einigen dekorativen Gegenständen (wie einer alten Wurzel oder Steinaufbauten) sowie einer attraktiven Bepflanzung. Wer sich der Pflege von Kröten widmen will, darf nicht vergessen, daß zahlreiche Arten eine kühle Überwinterung benötigen.

Molche und Salamander

Die Molche und Salamander, oftmals auch einfach Schwanzlurche genannt, gehören zur Ordnung Urodela, deren Namen von den griechischen Worten *he urá* (der Schwanz) und *délos* (sichtbar) abgeleitet wird. Damit ist auch schon das wichtigste Kennzeichen dieser Lurche genannt: ihr Schwanz. Im Gegensatz zu den Fröschen und Blindwühlen, bei denen dieser allenfalls noch rudi-

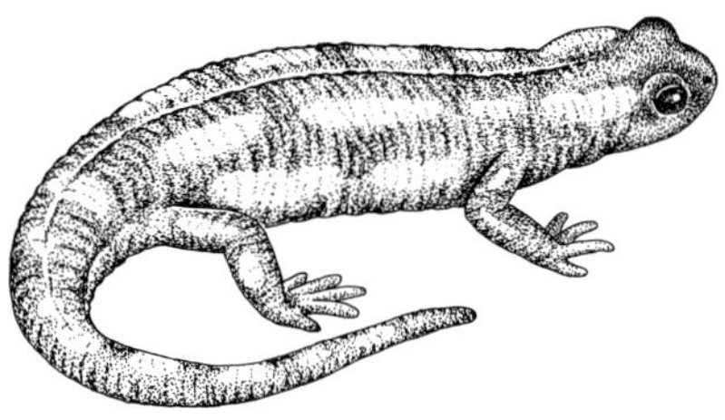

mentär oder gar nicht mehr vorhanden ist, behalten sie ihn auch nach der Metamorphose. Einige Schwanzlurche – wie der Grottenolm und der Axolotl – erlangen sogar die Geschlechtsreife bereits als Larve und sind dann zeitlebens an das Wasser als Lebensraum gebunden.

Auf den ersten Blick ähneln die Schwanzlurche den Echsen, doch sind sie an ihrer vollständigen Schuppenlosigkeit leicht zu erkennen. Die Unterteilung der Schwanzlurche in Molche und Salamander ist nicht etwa zoologisch-taxonomisch begründet, sondern spiegelt vielmehr ihren bevorzugten oder ständigen Lebensraum wider. So leben Molche ständig oder wenigstens zu bestimmten Jahreszeiten im Wasser, während Salamander sich überwiegend an Land aufhalten. Ansonsten ist das Äußere der Tiere weitgehend übereinstimmend beschaffen.

Die Salamander und Molche bewohnen fast ausschließlich die Nordhalbkugel und werden noch in Höhen von 4500 m angetroffen – jedoch stets an Stellen, an denen eine ausreichende Feuchtigkeit vorherrscht. Insgesamt läßt sich sagen, daß die Tiere meistens eine kühlere Haltungstemperatur benötigen. Daher ist der ideale Aufstellplatz für ihr Terrarium ein Kellerraum. In den wärmeren Teilen ihres Verbreitungsgebietes sind die Schwanzlurche in größere Höhenlagen ausgewichen oder verbringen eine Art Sommerruhe. Fallen in diesen Regionen die Temperaturen im Winter erheblich ab, so kann es vorkommen, daß sie nur im Frühjahr und Herbst aktiv sind. Genaue Kenntnisse der Lebensgewohnheiten sind auch bei ihnen unerläßlich: Es sei daher in diesem Zusammenhang auf das Buch von Rimpp (1978) verwiesen.

Molche

Wie schon oben erwähnt, versteht man unter Molchen landläufig die überwiegend aquatisch lebenden Schwanzlurche. Ihre Pflege erfolgt daher in größeren Aquarien oder Aquaterrarien. Nur wenige Arten – wie der Grottenolm und der Axolotl – benötigen keinen Landteil. Der Boden des Wasserteils wird mit feinem Kies so hoch bedeckt, daß Wasserpflanzen eingesetzt werden können. Hierfür eignen sich die üblichen Aquarienpflanzen. Ferner sollte ein dunkles Versteck (etwa eine hohl liegende Steinplatte) vorhanden sein. Der Landteil, der immer leicht zu erklettern sein muß, kann denkbar einfach gestaltet werden, da Molche den größten Teil des Tages verdeckt in feuchten, dunklen Spalten oder Löchern verbringen. Verfüttert werden vorzugsweise Regenwürmer, Raupen und ähnliches.

Salamander

Unter der Bezeichnung Salamander faßt man alle Schwanzlurche mit geringer Bindung an das Wasser zusammen. Meistens suchen sie Gewässer nur noch auf, um dort ihre Larven abzusetzen. Einige wenige Arten haben sich sogar schon vollends vom nassen Element gelöst; ihre Angehörigen bringen fertig entwickelte Jungtiere zur Welt. Da auch Balz und Paarung an Land erfolgen, kann der Wasserteil oftmals sehr klein gehalten werden oder sogar völlig fehlen.

Zur Pflege eignen sich Feuchtterrarien, die zahlreiche Verstecke und Rückzugsgebiete aufweisen. Gefüttert werden die Salamander mit Würmern, Raupen, Schnecken, weichhäutigen Insekten und Spinnen.

Die meisten Salamander leben in Nord- und Mittelamerika, wo es sogar Baumsalamander (zum Beispiel den Alligatorsalamander *Aneides lugubris*) gibt. Diese Tiere sind in ihren Bewegungen sehr flink und vermögen ausgezeichnet zu klettern. Sie leben in Baumhöhlen, die bis zu 20 m über dem Erdboden liegen können. Auch an dieser Stelle sei wieder ein Hinweis auf die

Als Salamander werden die Schwanzlurche bezeichnet, die weniger eng an das Wasser gebunden sind als die Molche.

bestehende Spezialliteratur erlaubt, nämlich das Werk von Rimpp (1978).

Reptilien

Die Reptilien bilden mit rund 7000 Arten eine vergleichsweise große und alte Wirbeltierklasse. Sie sind jedoch nicht unbedingt als primitiver als etwa die Vögel oder Säugetiere zu betrachten, denn auch ihre Verhaltensweisen und ihre Physiologie sind vielschichtig und auf hervorragende Weise den unterschiedlichsten Lebensräumen angepaßt. Auch hier handelt es sich – wie bei den bereits besprochenen Arten – um wechselwarme Tiere, deren Körpertemperatur in erster Linie von der Umgebungs- und Strahlungswärme abhängt. Daher stammen die meisten Arten auch aus den wärmeren tropischen und subtropischen Zonen unserer Erde.

Nur einige Arten haben sich den gemäßigten Klimaten mit ihrer kalten Jahreszeit angepaßt. Sie verbringen an einem geschützten Ort eine längere Winterruhe oder zumindest eine inaktive Phase. Im erstgenannten Falle wird der gesamte Stoffwechsel stark herabgesetzt, und die Tiere verfallen in eine sogenannte Winterstarre. Allerdings unterliegen auch Arten aus tropischen Regionen zyklischen Schwankungen, die etwa als Trocken- oder Regenzeiten in Erscheinung treten können. Oftmals ist das Einhalten dieser klimatischen Bedingungen unabdingbare Voraussetzung für das Gelingen der Zucht. Die genaue Kenntnis der Lebensräume unserer künftigen Pfleglinge ist daher eine der wichtigsten Voraussetzungen für ihre erfolgreiche Haltung und Vermehrung.

Genaue Kenntnisse ihrer Lebensräume sind wichtige Voraussetzungen für die Pflege und Vermehrung unserer Tiere.

Krokodile

Die Ordnung Crocodylia (Panzerechsen) umfaßt die größten und kräftigsten heute lebenden Kriechtiere. Sie lassen noch erahnen, wie es wohl vor Jahrmillionen auf unserem Planeten zugegangen sein mag, als ihre Vorfahren – die Archosauria – die Erde beherrschten. Heute leben 23 Krokodilarten in den tropischen Regionen der Erde, und nur einige Alligatoren dringen bis in die gemäßigten Zonen Amerikas und Chinas vor. Alle Arten führen eine überwiegend aquatische Lebensweise und werden nur selten weit von ihren Gewässern entfernt angetroffen.

Rein äußerlich haben sich die Krokodile diesem Lebensraum hervorragend angepaßt: So besitzen sie einen verlängerten Kopf, die Augen weisen zu ihrem Schutz ein drittes Lid auf und sind ebenso wie die durch Klappen verschließbaren Nasenöffnungen auf der Oberseite des Schädels angeordnet. Daher können die Tiere nahezu vollständig unter Wasser liegend auf Beute lauern, wobei nur die Nasenöffnungen und die Augen über die Oberfläche emporragen.

Die Haut ist sehr grobschuppig und im Rückenbereich stark verhornt. Die überaus markant ausgeprägten Hinterhaupt- (Postoccipitalia) und Nackenhöckerschuppen (Nuchalia) werden sehr oft als diagnostische Merkmale herangezogen. Die sehr großen, dreieckigen Schwanzkantenschuppen, die am Schwanzansatz in zwei Längsreihen angeordnet sind, verschmelzen zum Ende dieses Körperteils hin in einem hohen Kamm. Im Wasser bewegen sich die mächtigen Reptilien durch kräftige Schläge des seitlich abgeflachten Schwanzes vorwärts, mit dessen Hilfe sie senkrecht aus dem Wasser schnellen und nach Beute schnappen können.

Auch an Land sind die Panzerechsen alles andere als plump und langsam. Man sollte sich auch niemals durch ihr träges Verhalten täuschen lassen, denn sie können sehr schnelle kurze Spurts einlegen. Die Extremitäten wirken zwar im Verhältnis zum Körper relativ klein, doch sind die Tiere dank ihrer starken Muskulatur durchaus in der Lage, auch größere Strecken über Land zurückzulegen. Dabei können sie den Körper weit vom Boden abheben; nur bei schneller Flucht führen sie den für die Reptilien typischen »Spreizgang« aus. Wenn *Crocodylus johnsoni* aus Australien bei der Flucht blitzschnell ins Wasser flieht, können sich sogar alle vier Beine gleichzeitig vom Boden lösen.

Die Zehen der hinteren Gliedmaßen sind in ihrer ganzen Länge durch Schwimmhäute verbunden. Eine kennzeichnende Eigentümlichkeit aller Krokodilarten ist ihr Gebiß: Es bleibt durch das ständige Ersetzen der abgenutzten Zähne jederzeit funktionstüchtig. Diese Bezahnung ist für die ganze Familie charakteristisch. Hierbei kann es als typisches Merkmal gelten, daß der vierte Unterkieferzahn auch bei geschlossenem Maul sichtbar bleibt.

Die Panzerechsen leben sowohl in Süß- als auch in Brackwasserzonen. Mit einer Gesamtlänge von bis zu 10 m sind das Nil- (*Crocodylus niloticus*) und das Leistenkrokodil (*C. porosus*) die größten Vertreter der gesamten Familie. Besser für die Pflege im Terrarium geeignet sind jedoch die kleinen Arten, beispielsweise die der Gattung *Paleosuchus*, deren Angehörige nur eine Gesamtlänge von 120 bis 200 cm erreichen.

Alle Krokodile legen Eier, wobei die Gelegegröße art- und altersabhängig zwischen 20 und 100 schwanken kann. Ihre Ablage erfolgt in selbstangelegten Haufen aus Schlamm und verrottendem Pflanzenmaterial, dessen Zersetzung im Nest Temperaturen um die 30 °C entstehen läßt. Wer Krokodile halten und sogar vermehren möchte, benötigt wahrhaft riesige Behälter, wie sie zumindest für die größeren Arten fast nur von Zoos gestellt werden können. Da auch Balz und Paarung aller Arten unter Wasser stattfinden, kann sich jeder leicht ausrechnen, wie ein derartiger Behälter dimensioniert sein muß. Da eine gewisse Stabilität gewährleistet sein muß, eignen sich als Behausung praktisch nur gemauerte Zimmerterrarien mit riesigen Wasserteilen, die leicht aus fertigen Plastikgartenteichen gebildet werden können.

Es braucht wohl eigentlich nicht erwähnt werden, daß die Krokodilpflege eine sehr anspruchs- und verantwortungsvolle Aufgabe darstellt, denn Panzerechsen sind durchaus gefährliche Raubtiere, die ihrem Pfleger unter Umständen zumindest schwere Bißverletzungen zufügen können. Ferner ist immer sicherzustellen, daß unberechtigte Personen niemals Zugang zu den Tieren haben.

Die Pflege von Krokodilen ist eine Aufgabe für Spezialisten.

Auch sollte man bedenken, daß alle Panzerechsen Fleischfresser sind, die sich von sämtlichen Wirbeltieren ernähren, derer sie habhaft werden können. Aus größeren Beutetieren oder Aas werden mundgerechte Portionen herausgerissen, wenn das Opfer nicht in einem Stück verschlungen werden kann. Im Terrarium ernährt man seine Krokodile je nach ihrer Größe mit Mäusen, Ratten, Fischen, Küken und anderen Tieren. Als letztes sei noch erwähnt, daß die Anschaffung eines solchen Reptils eine Lebensaufgabe darstellt, da einige Arten 100 Jahre und älter werden können.

Echsen

Die Echsen im eigentlichen Sinne – landläufig meist als Eidechsen bezeichnet – sind Angehörige der Unterordnung Sauria. Ihr Verbreitungsgebiet umfaßt heute nahezu die gesamte Landmasse unserer Erde mit Ausnahme der arktischen Gebiete. Von allen existierenden Reptiliegruppen haben sie die größte Formenvielfalt hervorgebracht. Kaum eine ökologische Nische, vom Meer bis zu den Gebirgsspitzen, die nicht von einer der mehr als 3800 Arten bewohnt würde.

Die Gruppe der Echsen hat unter den Reptilien die größte Formenvielfalt hervorgebracht.

Wechselwarme Tiere benötigen eine bestimmte »Betriebstemperatur«, bei der die wichtigsten physiologischen Vorgänge ablaufen. Die Vorzugstemperatur liegt bei vielen Echsen im Bereich zwischen 20 und 35 °C. Dank ihrer beeindruckenden Vielfalt gehören sie heute zu den beliebtesten Terrarientieren. Wir wollen daher im folgenden die wichtigsten Echsenfamilien in aller gebotenen Kürze etwas genauer vorstellen.

Der Verbreitungsschwerpunkt der Eidechsen liegt im Mittelmeerraum.

Eidechsen

Bei den Echten Eidechsen der Familie Lacertidae handelt es sich, von wenigen Ausnahmen abgesehen, um spitzköpfige, mit gut entwickelten Extremitäten versehene, äußerst flinke Echsen, die in der Regel Bodenbewohner sind. Insgesamt stellen sie eine altweltliche Reptilienfamilie mit über 200 Vertretern dar, deren Verbreitungsschwerpunkt im Mittelmeergebiet liegt. Diese rein tagaktiven Reptilien schätzen im allgemeinen hohe Umgebungstemperaturen. Nur wenige Arten haben sich den tropischen Regenwald als Lebensraum erschlossen. Wesentlich zahlreicher sind sie in den Wüsten, Savannen und Steppen, wo sie sogar im Sand leben. Allgemein handelt es sich um recht anspruchslose Pfleglinge, die sich im Terrarium auch leicht vermehren lassen. Die europäischen Arten pflegt man oftmals am besten in einem geschützten Freilandterrarium, das in den Übergangsjahreszeiten, je nach Herkunftsgebiet der Tiere, zusätzlich beheizt werden muß. Die Eidechsen ernähren sich hauptsächlich von Insekten; einige Arten fressen aber zusätzlich auch gern süßes Obst.

Skinke

Die Echsen aus der Familie der Skinke sind kosmopolitisch verbreitet. Sie bewohnen alle tropischen und warmgemäßigten Klimazonen der Erde. Ihre eigentlichen Verbreitungsschwerpunkte liegen dabei in Südostasien, Australien und Afrika, aber auch auf nahezu allen Inseln des Indischen Ozeans sind zahlreiche Arten beheimatet.

Bei den häufig auch als Glattechsen bezeichneten Skinken handelt es sich um typische, meist tagaktive Bodenbewohner, die teilweise sogar eine rein grabende oder wühlende Lebensweise aufweisen. Ihrem Lebensraum haben sich diese Echsen im Laufe der Evolution besonders deutlich durch ihre Körperform angepaßt. So zeichnen sich die meisten Arten durch einen ausgesprochen schlanken, langgestreckten, sehr kompakt gebauten Leib aus, von dem Hals und Kopf meist nicht oder nur unmerklich abgesetzt sind. Da der Rumpf zudem sehr häufig einen annähernd kreisrunden Querschnitt besitzt, läßt er sich auch als walzenförmig beschreiben. Die Gliedmaßen sind unterschiedlich stark ausgeprägt, also je nach Lebensweise den verschiedenen Substraten angepaßt.

Zahlreiche Skinkarten, insbesondere Vertreter der Gattung *Mabuya*, begegnen uns in ihren Verbreitungsgebieten recht häufig in erstaunlich hohen Populationsstärken. Dagegen bekommt man die versteckt im Boden oder unter der Rinde von Bäumen lebenden Arten so gut wie nie zu Gesicht.

Unter den Skinken gibt es aber auch eine ganze Reihe von Spezialisten: So leben etwa die Vertreter der Gattung *Amphiglossus* in Gewässern oder deren unmittelbarer Nähe. Die Tiere führen dort eine halb- oder sogar überwiegend aquatile Lebensweise.

Einen noch ungewöhnlicheren Lebensraum bewohnt *Cryptoblepharus boutonii*, das Natternauge. Dieser bis zu 25 cm lange Skink lebt im Brackwasser-, im Küsten- und sogar im unmittelbaren Brandungsbereich des Meeres. Besonders häufig sieht man die Tiere an von Sandflächen umgebenen Felsen und Steinen. Wieder andere Arten der Skinke sind reine Baumbewohner, die eine kletternde Lebensweise führen.

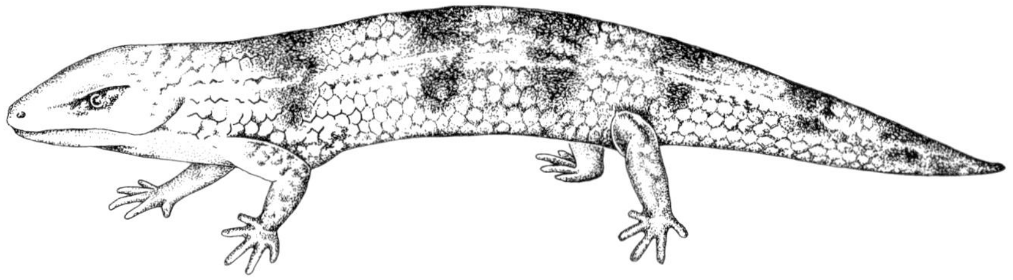

Anhand der Körperform wird deutlich, warum Skinke auch als Glattechsen bezeichnet werden.

Die meisten Skinke ernähren sich räuberisch; einige nehmen als Nahrung aber auch süßes Obst oder andere pflanzliche Stoffe zu sich. Unter den Glattechsen bilden lebendgebärende Arten die Mehrheit, doch pflanzen sich zahlreiche Skinke auch durch Eier fort, aus denen nach einer kurzen Inkubationszeit die Jungen schlüpfen. Die weichschaligen Eier werden an einer feuchten Stelle im lockeren Erdreich verborgen abgelegt.

Die Familie Scincidae wird allgemein in 85 Gattungen mit mehr als 1300 Arten unterteilt. Im Terrarium gewöhnen sich die Tiere recht schnell ein und zeigen ihr überaus interessantes Verhaltensrepertoire.

Analog zu ihren Lebensräumen benötigen die Skinke auch eine Vielzahl von unterschiedlichen Terrarientypen, beginnend mit einfachen Glasterrarien mit möglichst großer Bodenfläche bis hin zu großen Urwaldbehältern. Allen intensiver an dieser Tiergruppe Interessierten sei das Buch von Hauschild & Garms (1995) sehr empfohlen.

Geckos

Etwa vor 50 Millionen Jahren entwickelte sich – vermutlich aus den jurassischen Ardeosauridae und Bavarisauridae – die heutige Familie der Gekkonidae. Allerdings stammen die ältesten Fossilien Echter Geckos aus dem Eozän. Heute unterscheidet man etwa 900 Arten, die in vier Unterfamilien aufgeteilt werden.

Für den Terrarianer bedeutsamer ist jedoch die Unterteilung in tag- beziehungsweise nachtaktive Arten, denn die tagsüber aktiven Geckos sind meistens wesentlich attraktiver gefärbt und demzufolge im Terrarium auch leichter zu beobachten. Wenn man sich nicht sicher ist, zu welcher Tageszeit eine bestimmte Geckoart aktiv ist, hilft in vielen Fällen ein Blick auf die Augen, denn die Form der Pupille gibt darüber Auskunft. So besitzen tagaktive Geckos runde Pupillen, während sie bei nachtaktiven meistens schlitzförmig sind.

Zu den Besonderheiten dieser Reptiliengruppe gehört ihre Stimmbegabung, die allerdings hauptsächlich bei den nachtaktiven Arten ausgeprägt ist, da sie dort die fehlenden optischen Reize ersetzen soll. Am besten lassen sich die Rufe anhören, wenn Geckos der Gattung *Hemidactylus* abends im Schein einer Lampe um die Futterplätze streiten oder wenn die Männchen lautstark auf sich aufmerksam machen.

Eine andere Besonderheit ist die sogenannte Autotomie der Geckoschwänze: Die Tiere besitzen – wie zahlreiche andere Echsen – die Fähigkeit, ihren Schwanz aktiv abzuwerfen. Dies ist als Schutzmaßnahme gedacht, da der abgeworfene Körperteil heftig zuckende Bewegungen ausführt, die einen Angreifer längere Zeit vom fliehenden »Besitzer« abzulenken vermögen. Der Schwanz wächst nach einigen Wochen wieder vollständig nach, ist aber in Zeichnung und Art der Beschuppung meist deutlich abweichend gestaltet.

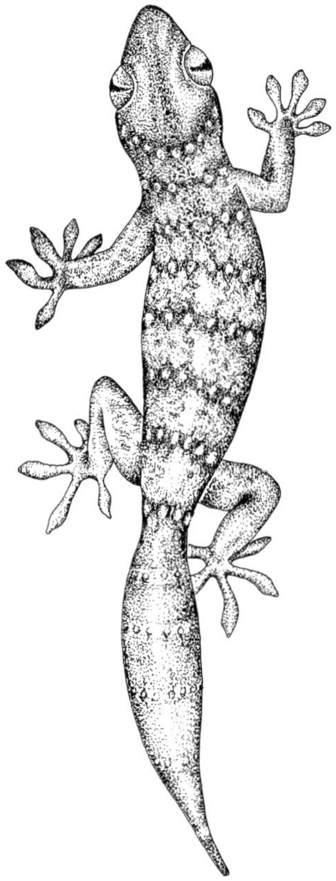

Die meisten Geckos sind aufgrund von Haftpolstern an ihren Zehen ausgesprochen gute Kletterer. Tag- und nachtaktive Arten kann man oft an der Form ihrer Pupillen unterscheiden.

Eindrucksvoll ist die Fähigkeit der Geckos, auch an senkrechten Flächen emporlaufen zu können.

Die auffälligste und eindrucksvollste Eigenschaft der Geckos ist allerdings die Fähigkeit der meisten Arten, an senkrechten oder sogar überhängenden Flächen umherlaufen zu können. Diese verdanken sie den Haftpolstern an ihren Zehen, die aus einer Vielzahl mikroskopisch kleiner Einzelborsten (Setae) bestehen, die wie Haare dicht nebeneinander angeordnet sind. Jede einzelne Borste ist so aufgebaut, daß sie nach dem Prinzip der Adhäsion an der Unterlage haften kann. Die hohe Anzahl der Einzelborsten verschafft den Tieren einen sicheren Halt. Darüber hinaus besitzen die Echsen an ihren Zehen aber auch Krallen, die es ihnen ermöglichen, an rauhen Flächen umherzuklettern. Die Geckos haben fast alle ökologischen Nischen besetzt: Wir finden sie am Boden, an Bäumen, an Felsen und auch in menschlichen Behausungen.

Entsprechend vielgestaltig sind auch hier die für die einzelnen Arten geeigneten Terrarientypen. In der Regel lassen sich jedoch die meisten Geckos problemlos in den normalen Standard-Glasterrarien pflegen, deren Seitenwand und Rückwände mit natürlichen Materialien – wie zum Beispiel Kork- oder Steinplatten – als Laufflächen hergerichtet sind. Zahlreiche Kletteräste, eine je nach Lebensraum ausgewählte Vegetation und geeignete Versteckplätze vervollständigen die Einrichtung.

Es gibt Geckopfleger, die zahlreiche Arten überaus erfolgreich in einfachen Glasbehältern halten und züchten, deren Einrichtung aus einer etwa 2 cm hohen Sandschicht, einer eingetopften Pflanze, einigen Versteckplätzen und wenigen Kletterästen besteht. Nur die relative Luftfeuchtigkeit und die nötige Substratfeuchte werden individuell durch unterschiedlich lange beziehungsweise häufige Sprühzeiten geregelt.

Auch unter den Geckos gibt es einige Arten, die zur Stimulation ihres Fortpflanzungsverhaltens eine gewisse Zeit lang kühler gepflegt werden müssen. Hängt die Terrarientemperatur stark von der Umgebungswärme ab, so ergibt sich schon durch unsere Jahreszeiten ein für die meisten Arten ausreichendes saisonales Temperaturgefälle.

Die etwa 900 beschriebenen Geckoarten gehören zu den beliebtesten Terrarientieren. Sie erreichen Größen von etwa 5 bis knapp 40 cm, wobei jedoch der überwiegende Teil nur bis zu 20 cm lang wird. Die Fortpflanzung erfolgt hauptsächlich durch Eiablage. Je nach Art setzen die Weibchen mehrmals im Jahr ein bis zwei Gelege ab. Nur die Geckos der Unterfamilien Diplodactylinae und Eublepharinae legen »echsentypische« weichschalige Eier. Die meisten Arten produzieren jedoch hartschalige, oftmals zu einem »Doppelei« zusammengeklebte Gelege, die entweder einfach in Felsspalten, unter Rinde oder im Boden versteckt oder – seltener – an eine Unterlage geklebt werden. Noch eine Besonderheit gibt es bei den Geckos: Einige neuseeländische Arten und eine Spezies aus Neukaledonien sind lebendgebärend (ovovivipar). Einige wenige Geckos pflanzen sich sogar parthenogenetisch fort.

Ernährt werden Geckos mit den verschiedensten Wirbellosen, wie Grillen und Heimchen, Heuschrecken, Mehl- und Wachsmotten sowie deren Raupen, Mehlwürmern, Spinnen, aber auch süßem Obst und besonders gern Kinderobstbrei. Letzterer wird jedoch von Bodenbewohnern nur selten gefressen. Wer mehr über diese interessanten Tiere erfahren will, dem sei das Buch von Henkel & Schmidt (1991) empfohlen.

Chamäleons

Wohl kaum eine andere Echsenfamilie dürfte so bekannt und faszinierend sein wie die Chamäleons. Das liegt vor allem an ihrem an »Miniatur-Saurier« erinnernden Aussehen, aber auch an weiteren einmaligen Besonderheiten, wie dem allgemein bekannten Farbwechsel, der »Bewaffnung« mit einer Schleuderzunge und den überaus beweglichen Augen. Durch diese im Tierreich nahezu einmaligen anatomischen Anpassungen haben die Chamäleons den Men-

Faszinierend wirken die großen, voneinander unabhängig beweglichen Augen der Chamäleons.

schen schon immer stark beeindruckt, so daß sie in der Mythologie zahlreicher Völker – so auch der Madagassen – eine wichtige, von Stamm zu Stamm unterschiedliche Rolle spielen. Zum einen werden sie als Glücksbringer oder Verkörperungen der Seelen Verstorbener verehrt und geachtet, ein anderes Mal wieder als Unglücksboten gemieden oder gar verfolgt.

Das Verbreitungsgebiet der Familie Chamaeleonidae umfaßt Afrika, das Mittelmeergebiet, die Arabische Halbinsel, Indien und Ceylon, nicht zuletzt aber auch Madagaskar, die Komoren, die Seychellen, Mauritius und Réunion. Entwickelt haben sich die Chamäleons in Ostafrika, doch konnten sie in Madagaskar aufgrund fehlender Freßfeinde die größte Artenvielfalt hervorbringen.

Heute werden diese Echsen in zwei Unterfamilien unterteilt, zum einen die Echten Chamäleons (Chamaeleoninae), zum anderen die Erd- oder Stummelschwanzchamäleons (Brookesiinae). Kein treffenderer Name konnte für diese Tiere gefunden werden als »Erdlöwe« (von griechisch *chamai* = auf der Erde und *leon* = Löwe), handelt es sich bei den meisten Tieren doch um von Natur aus recht unverträgliche Einzelgänger.

Mittels zahlreicher morphologischer Adaptierungen haben sich die Chamäleons im Laufe der Zeit zu den am besten an das Leben auf Büschen und Bäumen angepaßten Echsen entwickelt. So wurden ihre Füße zu Greifzangen umgeformt, wobei jeweils zwei oder drei Zehen in der Weise miteinander verwachsen sind, daß die Chamäleons Äste fest und sicher umgreifen können. Der Schwanz ist bei den Echten Chamäleons sehr beweglich und dient als Greiforgan, quasi als fünfte Hand. Nur bei den Erdchamäleons ist er häufig nahezu unbeweglich und dient lediglich zum Abstützen im Gelände.

Besonders faszinierend wirken die unabhängig voneinander beweglichen Augen. Sie sind verhältnismäßig groß und ragen weit aus dem Kopf heraus, was ihnen im Gegensatz zu denen anderer Echsen eine deutlich größere Bewegungsfreiheit verschafft. Das Sehfeld jedes Organs beträgt horizontal etwa 180° und vertikal 90°, was einem Rundumblick gleichkommt. Auf diese Weise können die Chamäleons ihr gesamtes Umfeld im Auge behalten, ohne durch Körperbewegungen den eigenen Standort zu verraten. Nicht geklärt ist dabei bis heute, ob Chamäleons in ihrem Gehirn zwei Gesichtsfelder wahrnehmen und verarbeiten oder abwechselnd immer nur mit einem Auge schauen.

Eine weitere Anpassung an ihren spezifischen Lebensraum stellt die Schleuderzunge dar. Mit Hilfe verschiedener Muskeln und des Zungenbeins sind die Tiere in der Lage, ihre Beute durch Vorschnellen der Zunge sogar über eine Distanz von mehr als ihrer eigenen Körperlänge zu fangen. Dabei umfassen sie

Als Lauerjäger sind die Chamäleons in ihrer Färbung optimal an ihre Umgebung angepaßt.

das »Opfer« mit der Zungenspitze und ziehen das Organ mitsamt der Beute in das Maul zurück. Dieser ganze Vorgang – er dauert etwa 1/125 Sekunden – erfolgt so schnell, daß er für das menschliche Auge nur schemenhaft erkennbar ist.

Ihren Tag verbringen die Chamäleons gut getarnt als Lauerjäger (»Sit-and-wait-Strategie«) im Geäst. Da sie unterschiedliche Lebensräume erobert haben, kann man ihnen nahezu überall begegnen. Ungeachtet der auffallenden Färbung dieser Echsen gehört aber schon etwas Übung und Glück dazu, ein Tier in der freien Natur auszumachen, denn die Chamäleons sind Meister der Tarnung. Am besten haben sich die Erdchamäleons ihrer natürlichen Umgebung angepaßt, so daß es kaum jemandem gelingen wird, ein Tier im Pflanzenwirrwarr am Boden der Regenwälder auszumachen.

Sieht man dagegen die farbenprächtigen Echten Chamäleons, so sollte man eigentlich annehmen, daß diese Tiere überall sofort auffallen. Dem ist aber nicht so, denn zum einen drehen sich alle Chamäleons bei Annäherung eines Menschen hinter den Ast, auf dem sie gerade sitzen, und zum anderen sorgt gerade die kontrastreich-bunte Färbung für eine perfekte Auflösung der Körperkonturen im Habitat. So kommt es, daß trotz ihrer Häufigkeit – zahlreiche Arten haben sich sogar zu ausgesprochenen Kulturfolgern entwickelt – von einem Spaziergänger normalerweise nur ein geringer Prozentsatz der tatsächlich vorhandenen Individuen- und Artenzahl wahrgenommen wird.

Ebenfalls allgemein bekannt ist die Fähigkeit der Chamäleons zum Farbwechsel. Dabei ist diese Fähigkeit nicht so stark ausgeprägt, wie oft angenommen wird. Da es sich bei diesem Phänomen um einen komplizierten physiologischen Vorgang handelt, läuft er auch nicht so schnell ab, wie man gemeinhin glaubt. Zahlreiche Arten, unter ihnen die Erdchamäleons, sind sogar überhaupt nicht zum Farbwechsel befähigt und zeigen lediglich eine abwechselnd hellere oder dunklere Färbung beziehungsweise matte und leuchtende Töne. Überhaupt dient der Farbwechsel in erster Linie nicht der Anpassung an die Umgebung: Chamäleons drücken auf diese Weise ihre Stimmung aus, so daß er als eine Art Sprachersatz interpretiert werden kann.

Zahlreiche Arten werden schon heute recht erfolgreich und regelmäßig im Terrarium nachgezogen. Zu ihnen zählen als für den Anfänger besonders geeignete Arten das Jemen- (*Chamaeleo calyptratus*) und das Pantherchamäleon (*Furcifer pardalis*). Die zahllosen Besonderheiten, die bei der Pflege von Chamäleons zu beachten sind, können wir an dieser Stelle nicht abhandeln. Lediglich einige Grundvoraussetzungen sollen in aller gebotenen Kürze Erwähnung finden.

Grundsätzlich werden die Echten Chamäleons immer einzeln in großen, je nach Herkunft ausreichend belüfteten und entsprechend beleuchteten Terrarien gepflegt. Nur wenige Arten – wie einige ostafrikanische Hochlandformen oder beispielsweise die Zwergchamäleons aus Südafrika – lassen sich in großen, dicht bepflanzten Behältern vergesellschaften. In diesen Terrarien müssen zumindest der gesamte Deckel und eine Seitenwand aus Gaze bestehen. Für die übrigen Arten eignen sich fast immer die normalen handelsüblichen Glasterrarien.

Da es sich bei diesen tagaktiven und sonnenliebenden (heliophilen) Echsen fast ausnahmslos um ausgesprochene »Sonnenanbeter« handelt, sollten möglichst nur hochwertige Beleuchtungskörper – wie HQL- oder HQI-Lampen – zum Einsatz kommen. Für kleinere Terrarien eignen sich auch mit Halogenstrahlern kombinierte Leuchtstoffröhren.

Die Einrichtung wird aus zahlreichen Kletterästen und einer üppigen Bepflanzung zusammengestellt. Terrarien, in denen man Weibchen der eierlegenden Arten halten will, müssen zudem noch eine ausreichend hohe Bodenschicht aufweisen, damit sie ihre Gelege sorgfältig vergraben können. Die Haltungstemperatur richtet sich nach der gepflegten Art, doch benötigen die meisten Tiere zu ihrem Wohlergehen eine gewisse Tag-Nacht-Schwankung von 6 bis 12 °C.

Im Gegensatz dazu werden die Erdchamäleons am besten paarweise in kleineren Regenwald- oder Feuchtterrarien untergebracht, die eine hohe relative Luftfeuchtigkeit aufweisen (ohne daß Stickluft entsteht), und deren Einrichtung eine Imitation der Laubschicht, einige Kletteräste und eine üppige Bepflanzung umfaßt. Die Haltungstemperatur sollte am Tage bei 20 bis 25 °C liegen und nachts auf Zimmertemperatur abfallen.

Gefüttert werden die Tiere täglich und möglichst abwechslungsreich, wobei man das gesamte Futter ausreichend mit einem Vitamin-Mineralstoff-Aminosäuren-Gemisch einstäuben muß. Gefressen werden meistens alle üblichen Futtertiere. Sehr wichtig ist auch eine ausreichende Wasserversorgung. Etwa ab einer Gesamtlänge von etwa 15 cm müssen die Tiere – neben der Möglichkeit, täglich Sprühwasser in Form von Tropfen von den Blättern aufzunehmen – zusätzlich etwa zweimal pro Woche von Hand getränkt werden. Wegen der zahllosen Besonderheiten sei auch an dieser Stelle auf die verfügbare Spezialliteratur hingewiesen, so etwa Henkel & Heinecke (1993) und Schmidt et al. (1996).

Leguane

Bei kaum einer anderen Reptilienfamilie stellt sich die Frage nach der Familienzugehörigkeit so dringlich wie bei den Leguanen und Agamen, denn einwandfreie und äußerlich gut erkennbare Merkmale, die eine problemlose Zuordnung zu einer dieser Echsenfamilien ermöglichen könnten, fehlen praktisch völlig.

Vereinfacht gesagt, lassen sich die Leguane als eine auf dem Ur-Südkontinent Gondwana beheimatete Echsengruppe charakterisieren, die – im Gegensatz zu Agamen und Chamäleons – ihre ursprüngliche pleurodonte Bezahnung (Zähne, die einzeln an der Innenseite der Kiefer eingesenkt sind) beibehalten haben, also kein akrodontes Gebiß (also Zähne, die genau auf der Oberkante des Kiefers stehen und nicht mit diesem verwachsen sind) wie jene entwickelt haben. Da nun aber alle übrigen Echsenfamilien – wie Geckos, Skinke, Eidechsen, Schleichen, Warane – ebenfalls den pleurodonten Gebißtyp aufweisen, eignet sich dieses Merkmal natürlich nicht sehr gut zur Kennzeichnung der Leguane als Gruppe.

Ihr heutiges Verbreitungsgebiet umfaßt fast ganz Amerika, ungefähr vom Südwesten Kanadas bis nach Feuerland an der Südspitze des Kontinents. Ferner bewohnen einige Arten den Galapágos-Archipel, Madagaskar und die Komoren sowie die Fidschi- und Tonga-Inseln, wo es auch zur einzigen Überschneidung mit dem Verbreitungsgebiet der Agamen (mit dem von *Gonocephalus godeffroyi* aus der Familie der Winkelkopfagamen) kommt.

Keine andere Echsenfamilie ist so vielgestaltig wie die der Leguane – und das auch noch in jeder nur erdenklichen Beziehung. Ihre Größe reicht von den zierlichen, zerbrechlich wirkenden *Ano-*

Leguane sind typische Echsen der neuen Welt.

Die in der Alten Welt beheimateten Agamen stellen das Gegenstück zu den Leguanen der Neuen Welt dar.

lis (mit einer minimalen Gesamtlänge von 6 cm und einem Gewicht von 5 g) bis zum etwa 2 m langen Grünen Leguan (*Iguana iguana*) oder dem 7–8 kg schweren Wirtelschwanzleguan. Auch die Lebensräume umfassen ein breites Spektrum, das von der Meeresküste bis zur Schneegrenze, von extrem heißen Wüstengebieten und kühlen Hochgebirgsregionen bis zum tropischen Regenwald, vom Äquator bis in die gemäßigten Zonen und in Südamerika sogar bis ins unwirtliche subantarktische Feuerland reicht. Es gibt Arten, die lockere Sanddünen, den Boden, Felsen, Bäume, Zweige oder große Laubblätter bewohnen, wobei wir die Meeresechsen des Galapágos-Archipels noch gar nicht berücksichtigt haben. Ähnlich verhält es sich auch mit der Ernährung: Es gibt alle nur erdenklichen Übergänge vom Kleintierjäger zum reinen Vegetarier, wobei auch sehr ausgefallene Futtersorten vorkommen, wie Ameisen, Kakteen, Meeresalgen und andere. Mit diesen Bemerkungen soll nur ein erster kurzer Überblick gegeben werden, da die Leguane fast alle ökologischen Nischen als Lebensraum erobert haben.

Entsprechend ist es auch kaum möglich, einen allgemein geeigneten Terrarientyp zu empfehlen oder entsprechende Haltungshinweise zu geben. Während die kleinen *Anolis*-Arten problemlos in Glasterrarien gepflegt werden können, benötigen etwa Grüne Leguane sehr stabile Großbehälter. Sie eignen sich daher auch zur freien Pflege in Zimmer oder Wintergarten. Es sei an dieser Stelle nur auf den Artenteil und die vorhandene Spezialliteratur, wie etwa Schmidt & Henkel (1995) hingewiesen.

Agamen

Die Agamen bilden heute mit mehr als 320 Arten eine große, in der Regel auch recht gut bekannte und überwiegend tagaktive Echsenfamilie. Betrachtet man die Vielgestaltigkeit der Tiere einmal etwas genauer, so fällt auf, daß sich auch bei ihnen – genau wie bei den Leguanen – die Frage nach der Familienzugehörigkeit so dringend wie bei keiner anderen Echsenfamilie stellt. Einwandfreie und äußerlich gut erkennbare Merkmale, die eine leichte und zweifelsfreie Zuordnung ermöglichen könnten, fehlen nämlich auch bei dieser Reptiliengruppe.

Vereinfacht lassen sich die Agamen als altweltliche Echsenfamilie charakterisieren. Vergleicht man sie mit den ebenfalls meist tagaktiven Leguanen der Neuen Welt, so könnte man vom äußeren Erscheinungsbild auf eine enge verwandtschaftliche Beziehung zu dieser Familie schließen. Das dürfte jedoch nicht der Fall sein, wie schon ein Blick auf ihr Gebiß vermuten läßt.

Die Familie der Agamidae besiedelt ein riesiges Verbreitungsgebiet, das sich zusammenfassend als altweltlich umreißen läßt. Man findet Vertreter dieser Echsengruppe bereits im südöstlichen und östlichen Europa, von dort ausgehend in fast ganz Asien (mit Ausnahme der allzu kühlen nördlichen Regionen), in Afrika mit Ausnahme großer Teile Zentralafrikas sowie eines Küstenstreifens im Südwesten und Madagaskars, ferner auf dem Indoaustralischen Archipel und in Australien. Im Südpazifik erreicht die Winkelkopfagamenart *Gono-*

cephalus godeffroyi die Fidschi-Inseln, wo es übrigens zu der einzigen bekannten Sympatrie (Vorkommen in ein- und demselben Gebiet) von Agamen und Leguanen kommt.

Innerhalb dieses riesigen Verbreitungsgebietes haben sich die Agamen den unterschiedlichsten Bedingungen und Habitaten angepaßt, was seinen Ausdruck auch in ihrer enormen Arten- und Formenvielfalt findet. Nahezu alle Lebensräume mit Ausnahme des Meeres werden von ihnen bewohnt. Man findet Agamen in den unterschiedlichsten ökologischen Nischen, von der an sich eher lebensfeindlichen Wüste bis hin zu den immerfeuchten Regenwäldern.

Sehr beliebte Terrarientiere sind die Wasseragamen der Gattung *Physignathus*, aber auch die Bartagamen der Gattung *Pogona*. Die Wasseragamen haben sich dem Leben am Ufersaum von Gewässern angepaßt. Die meiste Zeit des Tages verbringen sie ruhend im Geäst über dem Wasserspiegel. Sobald sie sich bedroht fühlen, stürzen sie davon oder springen ins Wasser, um dort für 90 bis 120 Minuten unterzutauchen.

Nahezu alle Agamen sind primär tagaktiv. Wenn sie am Morgen aus ihren nächtlichen Verstecken kommen, sind sie meist dunkel gefärbt und versuchen sich mittels der Sonnenstrahlung aufzuheizen. Auch die Einhaltung eines gewissen Jahresrhythmus ist für ihr Wohlergehen und die Fortpflanzungsbereitschaft von entscheidender Bedeutung. Zahlreiche Arten verbringen eine (teilweise sogar mehrmonatige) Winterruhe, versteckt in geschützten frostsicheren Quartieren. Diese Ruhephase muß nicht immer so ausgeprägt sein wie bei unseren einheimischen Amphibien und Reptilien, die sich über ein halbes Jahr lang verborgen halten. Vielmehr können gerade Arten aus den Übergangsgebieten (zwischen im Winter immer kalten beziehungsweise milden Klimaten) nur eine häufig von kurzen Aktivitätsphasen unterbrochene Winterruhe einlegen. Bei der Terrarienhaltung müssen diese Arten unbedingt überwintert werden, da dies oft die wichtigste Voraussetzung für eine erfolgreiche Nachzucht ist und die Tiere dann auch eine wesentlich höhere Lebenserwartung aufweisen.

Aufgrund der vielfältigen Lebensräume und der unterschiedlichen klimatischen Bedingungen sind genaue Kenntnisse der am Herkunftsort vorherrschenden Verhältnisse für artgerechte Pflege unerläßlich.

Entsprechend vielfältig sind auch die in Frage kommenden Terrarientypen: So lassen sich Wasseragamen nur in sehr geräumigen Behältern mit einem großem Wasserteil pflegen. Andere Arten – wie die Flugdrachen der Gattung *Draco* – benötigen trotz ihrer geringen Körpergröße riesige Regenwaldterrarien. Die meisten Agamen sind jedoch Bodenbewohner arider Landstriche. Sie benötigen große Behälter mit einer ausgedehnten Bodenfläche. Die Einrichtung sollte aus einer mehrere Zentimeter hohen Substratschicht, zahlreichen Verstecken aus Steinplatten oder hohl liegenden Korkeichenrindenstücken, einigen Sukkulenten und einer dekorativen Wurzel bestehen. Die Haltungswärme sollte bei 25 bis 30 °C liegen, wobei jedoch immer ein Strahler vorhanden sein muß, unter dem sich die Tiere bis auf ihre Vorzugstemperatur erwärmen können. Wichtig ist für zahlreiche Arten auch eine großzügige Beleuchtung, die fast nur mit Spezialstrahlern – wie HQL- und HQI-Metalldampf-Entladungslampen – sichergestellt werden kann. Wer mehr über diese interessante Echsengruppe erfahren will, sollte zu dem Buch von Schmidt & Henkel (1997) greifen.

Die meisten Agamen benötigen geräumige Behälter mit einer großen Bodenfläche.

Warane

Die Warane (Familie Varanidae) bilden mit etwas über 30 Arten eine recht kleine Echsenfamilie. Dennoch gehören sie zu den beliebtesten Terrarientieren. Alle ihre Vertreter ähneln einander im Körperbau sehr stark. Sie besitzen lange Hälse, wohlentwickelte Gliedmaßen mit kräftigen Krallen sowie verhältnismäßig

Warane sind von anderen Echsen anhand ihrer gespaltenen Zunge zu unterscheiden, die sie nur mit den Schlangen gemein haben.

lange und kräftige Schwänze. Von den anderen Echsen sind sie jedoch leicht anhand ihrer gegabelten Zunge zu unterscheiden, die sie nur mit den Schlangen gemeinsam haben. Ihr Verbreitungsgebiet beschränkt sich ausschließlich auf die Alte Welt, genauer gesagt Afrika, Asien und Australien. Der letztgenannte Kontinent gilt als ihr Evolutionszentrum und beheimatet auch heute noch die größte Artenzahl.

Während der Körperbau recht einheitlich ist, gibt es doch bei der Größe gewaltige Unterschiede: Erreichen die kleinsten Arten gerade eine Kopf-Rumpf-Länge von 12 cm, so haben wir beim Komodowaran (*Varanus komodoensis*) dank seiner Maximallänge von 3 m und eines Gewichts von bis zu 165 kg die größte bekannte Echte Echse vor uns.

Warane bewohnen die unterschiedlichsten Lebensräume. Die meisten Arten findet man jedoch in der unmittelbaren Nähe verschiedener Gewässertypen. Häufig besitzen diese Tiere breite Ruderschwänze, die sie zu guten Schwimmern machen. Andere – wie beispielsweise der Smaragdwaran (*Varanus prasinus*) – haben sich zu reinen Baumbewohnern mit Wickelschwanz entwickelt. Zahlreiche Warane leben auch in Wüstengebieten, allerdings meist in Regionen mit einer noch halbwegs intakten Pflanzendecke.

Die Pflege der kleinen und mittleren Arten kann nur in riesigen Terrarien erfolgen, die nach ihren jeweiligen speziellen Bedürfnissen eingerichtet werden. Am besten hält man die Tiere paarweise oder einzeln, da sie – insbesondere beim Fressen – sehr ungestüm sind und sich leicht gegenseitig verletzen können. Gefüttert werden sie je nach Größe und Art mit verschiedenen Wirbellosen, wie Schaben und Heuschrecken, Fischen, Kleinsäugern, Vögeln, kleinen Portionen geraspelten Fleisches (unter das sich sehr gut ein Vitamin-Mineralstoff-Präparat mischen läßt) und Eiern.

Schlangen

Unter allen Reptilien sind es wohl die Schlangen, die beim Menschen die zwiespältigsten Gefühle hervorrufen. Während sich manche Zeitgenossen von ihnen abgestoßen fühlen, sind andere derart fasziniert, daß sie sogar ihr Zuhause mit diesen Tieren teilen wollen.

Was macht eigentlich eine Schlange aus? Für viele Menschen sind es einfach nur Reptilien ohne Beine. So einfach ist es jedoch nicht. Beispielsweise gibt es auch Echsen, deren Beine so winzig sind, daß sie sich nur schwer ausmachen lassen. Sicher erkennen kann man Schlangen nur am Bau ihrer Schädelknochen (einem für den Durchschnittsterrarianer wohl wenig hilfreichen Kriterium) und daran, daß sie – im Gegensatz zu den meisten anderen Echsen – fest miteinander verwachsene Augenlider besitzen.

Die Schlangen haben als Lebensräume alle Regionen der Welt erobert, die ihnen von den klimatischen Bedingungen her ein Überleben gestatten. So findet man sie im offenem Meer, in den Küstendünen, in den heißesten Wüsten und im Regenwald ebenso wie auf alpinen Gebirgswiesen. Sie alle ernähren sich als Räuber von den verschiedensten Tieren. Während einige kleine Nattern Wirbellose erbeuten, fressen wohl die meisten Arten Wirbeltiere aller Art (Fische, Amphibien, Reptilien, Vögel und Säugetiere) bis zu einer Größe einer Antilope oder eines Tapirs. Andere Arten ernähren sich ausschließlich von Eiern.

Heute werden die Schlangen (Unterordnung Serpentes) in zehn Familien mit rund 2500 Arten unterteilt. Die kleinsten von ihnen, die zu den Blindschlangen (Typhlopidae) gehören, weisen keine 15 cm Gesamtlänge auf, während eine der längsten – die Anakonda (*Eunectes murinus*) – knapp 10 m Länge und ein Gewicht von 250 kg erreichen kann.

Auch bei den Schlangen soll die Einrichtung des Terrariums möglichst einen Ausschnitt des natürlichen Lebensraum widerspiegeln – nur ist das oftmals nicht möglich. So zerdrücken Riesenschlangen jede Bepflanzung, und da die Hygiene eine entscheidende Rolle spielt, kommt oftmals nur eine weitgehende sterile Haltung in Frage. Hierbei wählt man als Bodengrund ein stark saugfähiges Substrat (sterile Holzpreßlinge oder -späne), das nach der allfälligen Verschmutzung durch die Ausscheidungen leicht entfernt und erneuert werden kann.

Auch der Wasserbehälter muß problemlos herausnehmbar und zu reinigen sein. Er sollte bei vielen Arten nicht zu klein bemessen werden, da die Schlangen kurz vor einer Häutung oftmals gern und ausgiebig baden. Bei größeren Wasserteilen empfiehlt sich der Einbau eines Abflusses, durch den das Schmutzwasser direkt in die Kanalisation geleitet wird.

Im folgenden wollen wir in aller gebotenen Kürze die für die Terraristik wichtigsten Gruppen vorstellen. Einen guten Überblick über alle im Terrarium gepflegten Arten gibt das zweiteilige Standardwerk von Trutnau (1988 und 1998).

Riesenschlangen

Zur »klassischen« Familie der Riesenschlangen (Boidae) gehören nur etwa 24 Gattungen und 87 Arten, die dennoch wohl den größten Teil aller im Terrarium gepflegten Schlangen ausmachen. Die Bezeichnung »Riesenschlangen« trifft nicht auf alle Vertreter dieser Familie zu, werden doch die meisten kaum über zwei Meter lang, und ein Teil mißt nicht mal einen Meter. Die längste Schlange, die nachgewiesenermaßen eine Gesamtlänge von 10 m erreichen kann, ist der bekannte und häufig gepflegte Netzpython (*Python reticulatus*) – eine attraktiv gefärbte Art, die als knapp 50 cm langes Jungtier spontan gekauft und später nur schwer untergebracht werden kann. Weitere Riesen sind die halbaquatisch lebende Anakonda (*Eunectes murinus*) aus Südamerika, der sehr beliebte Tigerpython (*Python molurus*), der Felsenpython (*P. sebae*) und der australische Amethystpython (*Morelia amethistina*). Von ihrer Pflege kann jedoch dem unerfahrenen Liebhaber nur abgeraten werden.

Bei den Riesenschlangen handelt es sich um eine stammesgeschichtlich recht alte Tiergruppe, die sich vermutlich vor 130 Millionen Jahren aus waranartigen Echsen entwickelt hat. Eines ihrer besonderen Kennzeichen sind die als »Aftersporne« seitlich der Kloake leicht zu erkennenden rudimentären Gliedmaßen, die noch auf die echsenähnlichen Ahnen dieser Reptilien hinweisen.

Wer Riesenschlangen im Terrarium pflegen möchte, sollte sich ausreichend Gedanken über den dazu erforderlichen Behälter machen. Für die kleinen Arten reichen meistens größere Standard-Glasterrarien. Mittelgroße Schlangen benötigen schon geräumigere Becken, die man leicht aus Holz oder anderen Materialien selbst bauen kann (Henkel & Schmidt 1997). Für die wirklich großen Vertreter – etwa ab drei bis vier Meter Länge – empfehlen sich eigentlich nur noch gemauerte Terrarien, speziell umgebaute Zimmer oder Winter-

Mittelgroße bis große Riesenschlangen benötigen geräumige und sehr stabile Terrarien.

gärten. Entsprechend ihrem natürlichen Lebensraum, benötigen die meisten Arten – zum Beispiel die halbaquatisch lebenden Anakondas – einen großen bis sehr großen Wasserteil.

Die weitere Einrichtung sollte aus zahlreichen Kletterästen und einem Versteckplatz bestehen. Aufgrund des hohen Eigengewichtes der Tiere dürfte jedem klar sein, daß die Äste nicht zu dünn gewählt werden dürfen und immer sicher verankert sein müssen. Für einen Grünen Baumpython (*Morelia viridis*) beispielsweise sollten sie einen Durchmesser von 4–5 cm aufweisen und sowohl vertikal als auch horizontal eingebaut sein. Eine Bepflanzung ist eigentlich überflüssig, da die Tiere sie mit ihrem Gewicht doch nur zerdrücken würden. Wer aber dennoch nicht darauf verzichten will, sollte sie so ins Terrarium integrieren, daß sie von den Schlangen nicht erreicht werden kann.

Auch über die Ernährung sollte man sich rechtzeitig Gedanken machen. Zur Verfütterung im Terrarium eignen sich vor allem Nager und Küken. Wer die possierlichen Kerlchen nicht eigenhändig verfüttern kann oder bei wem durch derartige Aktionen der Hausfriede in Gefahr ist, der sollte besser auf die Pflege von Riesenschlangen verzichten.

Zum Schluß noch ein Wort zur eigenen Sicherheit: Unfälle mit großen Riesenschlangen sind zum Glück sehr selten, kommen aber leider immer wieder vor. Meistens haben sie die Pfleger selbst durch leichtsinnigen Umgang mit den Tieren verschuldet: Riesenschlangen legt man sich nun einmal nicht um den Hals, und die gefürchteten Bißverletzungen lassen sich durch vorsichtiges Hantieren vermeiden.

Sollte es trotz aller Vorsicht dennoch einmal zu einem Biß kommen, so darf man nicht den Fehler begehen, die Hand schreckhaft zurückzuziehen, da die Zähne rückwärts gekrümmt sind und man sich so böse Fleischwunden zuzöge. Richtig wäre in diesem Falle, die Hand ruhig zu halten und das Maul von einer zweiten Person öffnen zu lassen. Sicherheitshalber sollte beim Hantieren mit Schlangen beziehungsweise im Terrarium selber, wenn es sich um Tiere von mehr als 3 m Länge handelt, immer eine zweite Person im Raum sein. Mehr zu diesen Reptilien finden Sie unter anderem bei Wengler (1994).

Nattern

Die meisten heute lebenden Schlangenarten gehören zur Familie Colubridae, deren Vertreter häufig auch als »ungiftige Schlangen« oder als Nattern bezeichnet werden. Allerdings sind nicht alle der über 1600 Arten ungiftig. Bei den folgenden Ausführungen ist jedoch ausschließlich von den ungiftigen Nattern die Rede.
Bei der Familie Colubridae handelt es sich um eine in entwicklungsgeschichtli-

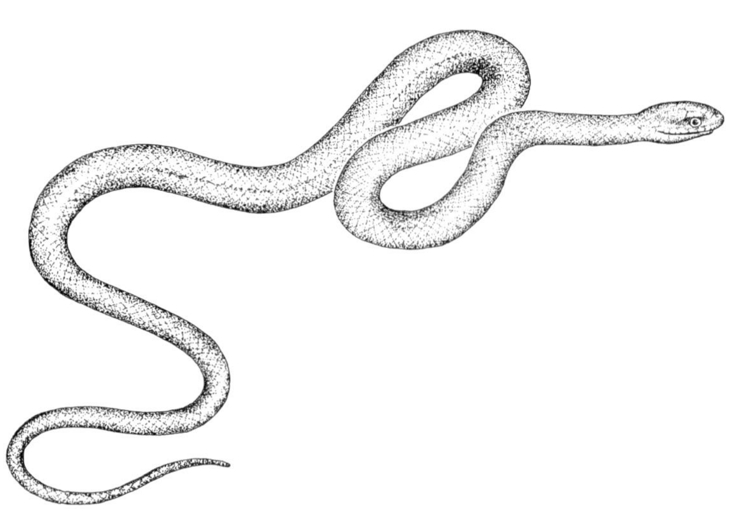

Zur Familie der Nattern gehören viele der zur Pflege im Terrarium geeigneten Schlangenarten.

cher Hinsicht verhältnismäßig junge Schlangengruppe, die vermutlich im Oligozän entstand, also »nur« 30 Millionen Jahre alt ist. Trotzdem bewohnen ihre zahlreichen Vertreter mit Ausnahme der arktischen Gebiete heute alle Klimazonen der Erde.
Bei den meisten Nattern handelt es sich um kleine bis mittelgroße Schlangen, die verhältnismäßig schlank sind und einen langen Schwanz besitzen. Im Laufe ihrer Entwicklung haben sie auch den letzten Rest des Beckengürtels eingebüßt, und der Schädel hat sich zu einem extrem beweglichen Gebilde entwickelt, das den Tieren erlaubt, selbst größere Beute zu verschlingen. Ihre Körperform stellt meist eine Anpassung an die unterschiedlichsten Lebensräume – vom Wasser bis zum Geäst der Bäume – und an bestimmte Beutetiere dar. Meistens besitzen die Tiere eine runde, seltener eine spaltförmige Pupille. Unter den Nattern gibt es sowohl lebendgebärende als auch eierlegende Arten.
Wegen ihrer großen Bedeutung für die Terraristik – immerhin gehören zu dieser Familie die wohl anspruchslosesten und auch für den Anfänger geeigneten Arten – sollen die beiden bedeutendsten Gattungen kurz gesondert beschrieben werden.

Wegen ihrer geringen Größe benötigen Nattern nicht übermäßig geräumige Terrarien. Da aber die einzelnen Arten die unterschiedlichsten Habitate bewohnen, kommen für ihre Pflege auch die verschiedensten Terrarientypen in Frage. Oftmals reichen einfache Glasbehälter aus, deren Einrichtung aus einer Bodenschicht, zahlreichen Kletterästen, einer größeren Trinkschale oder – bei den Wassernatter – einem geräumigen Wasserteil und einigen Versteckplätzen besteht. Je nach Herkunft sollte die Haltungstemperatur bei 25–30 °C liegen. Zahlreiche Arten aus den gemäßigten Klimaten benötigen zu ihrem Wohlergehen und zur Stimulation der Fortpflanzung eine Winterruhe von artabhängiger Dauer.

Königsnattern. Zur Gattung *Lampropeltis,* auch Königsnattern oder Milchschlangen genannt, gehören einige der farblich attraktivsten Schlangen überhaupt. Es handelt sich um ungiftige, also harmlose Arten, die nur eine mäßige Größe erreichen. Die besonderen Kennzeichen dieser Gattung sind das ungeteilte Analschild, die geteilt angeordneten Schilder der Schwanzunterseite und der relativ kurze Schwanz, welcher nur ungefähr 15% der Gesamtlänge ausmacht. Der Kopf ist nur leicht oder gar nicht vom Körper abgesetzt. Das auffälligste Merkmal ist jedoch die teilweise wunderschöne Färbung. Zahlreiche Königsnattern sind kontrastreich geringelt und prangen in roten, orangefarbenen, gelben, weißen und schwarzen Farbtönen.

Generell sollten Königsnattern nach Möglichkeit einzeln gepflegt werden, da sie sehr gefräßig sind und es sonst bei einer Fütterung leicht zu Beißereien kommen kann. Häufig zeigen die Schlangen auch kannibalistische Gelüste, und es kann bei einem Streit um das gleiche Futtertier leicht geschehen, daß die stärkere Königsnatter die schwächere zu fassen bekommt und ebenfalls verschlingt.

Als Terrarium eignen sich die unterschiedlichsten Standardbehälter. Sie sollten in ihrer Länge dem Körpermaß der darin zu pflegenden Schlange entsprechen und die jeweils halbe Höhe und Breite aufweisen. Die Einrichtung kann denkbar einfach gehalten werden: So genügt auch hier – je nachdem, für welche Haltungsart man sich entschieden hat – eine höhere Bodenschicht, bei steriler Haltung aus Holzspänen und bei der Pflege im dekorativ eingerichteten Terrarium aus Sand. Ferner darf niemals ein Trinkgefäß fehlen, dessen Inhalt täglich gewechselt werden muß.

Die weitere Einrichtung bilden einige Steinplatten, eingetopfte Sukkulenten und verschiedene Versteckplätze. Die Haltungswärme sollte am Tage bei 24 bis 28 °C liegen, wobei lokal unter einem Strahler etwa 30 bis 35 °C erreicht werden müssen, und nachts bis auf Zimmertemperatur abfallen. Zahlreiche Arten müssen kühl überwintert

Zu den ungiftigen Königsnattern der Gattung *Lampropeltis* gehören einige der schönsten Schlangen überhaupt.

werden. Gefüttert werden die Schlangen mit lebenden oder toten Mäusen. Nähere Informationen finden sich unter anderem bei Thissen & Hansen (1996).

Kletternattern. Nach der vorgenannten Gattung kommen wir nun zu häufig gepflegten Baum-, Strauch- und Bodenbewohnern, den sogenannten Kletternattern aus der Gattung *Elaphe.* Bei Angehörigen dieser Gattung handelt es sich meistens um kleine bis mittelgroße Schlangen, deren besonderes Kennzeichen ihre eigentümliche Bauchbeschuppung ist. Sie besitzen seitlich umgebogene Bauchschilder, die eine Art Kante bilden. Diese dient den Tieren als Kletterhilfe und stellt somit eine Anpassung an die kletternde Lebensweise dar, der die Gattung auch ihren Namen verdankt. Insgesamt umfaßt sie über 30 Arten aus Mittel- und Südeuropa (darunter die sehr begehrte Leopardnatter, *Elaphe situla*), Asien sowie Nord-, Mittel- und Südamerika. Aus Nordamerika stammt der bekannteste Vertreter, die Kornnatter (*Elaphe guttata*). Mit einer maximalen Gesamtlänge von 190 cm gehört diese jedem Anfänger besonders zu empfehlende Art zu den größten ihrer Gattung. Sie kommt in drei Unterarten vor und ist in zahlreichen Farbvarianten und Zuchtformen erhältlich.

Die zu den Kletternattern gehörende Kornnatter (Elaphe guttata) eignet sich auch für den Einsteiger.

Kletternattern sind farblich sehr attraktive Terrarienpfleglinge. Aufgrund ihrer Lebensweise benötigen sie geräumige, insbesondere hohe Terrarien, deren Einrichtung aus einer Substratschicht (ideal sind Hobelspäne oder ähnliches), einer Wasserschale, einigen Versteckplätzen, Rankpflanzen sowie zahlreichen waagerecht und horizontal angeordneten Kletterästen besteht. Einige wenige Arten führen auch eine eher versteckte Lebensweise am Boden. Zu ihnen gehören die Leopard- (*Elaphe situla*) und die Mandarinnatter (*Elaphe mandarinus*). Die Haltungstemperatur sollte – je nach Art – am Tage zwischen 22 und 30 °C liegen und nachts leicht abfallen. Wichtig bei der Pflege von Spezies aus den gemäßigten Breiten ist das Einhalten einer entsprechend langen Winterruhe. Die meisten Arten lassen sich im Terrarium leicht mit Kleinsäugern ernähren.

Giftschlangen

Hier wollen wir nur kurz die Besonderheiten bei der Pflege von Giftschlangen beschreiben, da sie eigentlich mehr von erfahreneren Terrarianern gepflegt werden sollten.

Grundsätzlich ist gegen die Haltung von Giftschlangen nichts einzuwenden, wenn sich der Liebhaber seiner Verantwortung – sich selbst und seiner Umgebung gegenüber – bewußt ist, und die Tiere nicht aus reiner Prestigesucht pflegt. Es braucht eigentlich gar nicht erwähnt zu werden, daß Giftschlangen nicht in die Hände von Kindern gehören und nach Möglichkeit nicht in Wohnräumen unterzubringen sind. Dem Einsteiger, der noch keine Erfahrung bei der Pflege ungiftiger Schlangen sammeln konnte, muß von der Giftschlangenhaltung dringend abgeraten werden.

Wer Giftschlangen pflegen will, muß eine ganze Reihe von Besonderheiten beachten. Die wichtigste Voraussetzung sind gesonderte, stets verschlossene Räume, die weder das versehentliche Eindringen unbefugter Personen noch ein Entweichen der Schlangen gestatten. Ein Terrarium zur Pflege von Giftschlangen muß eine solide Verarbeitung aufweisen, daß heißt, es muß fugenfrei, absolut ausbruchssicher und verschließbar sein. Seine Einrichtung erfolgt nicht so sehr nach ästhetischen Gesichtspunkten als im Sinne einer guten Übersichtlichkeit. Der Pfleger muß immer problemlos erkennen können, wo sich die Schlange gerade aufhält, um nicht von einem plötzlichen Angriff aus einer nicht einsehbaren Ecke überrascht zu werden. Der Wasserbehälter wird möglichst nahe der Frontscheibe plaziert, um jederzeit ein schnelles Entnehmen und Nachfüllen von Wasser zu gestatten.

Im Terrarium sollte man niemals mit bloßen Händen hantieren, sondern die erforderlichen Wartungsarbeiten nur mit langstieligen Schaufeln oder Pinzetten durchführen. Auch zur Fütterung verwende man nur lange Pinzetten! Besonders wichtig ist die Integration eines geeigneten Schlupfkastens, der aus schwer verrottendem beziehungsweise korrosionsbeständigem Material bestehen und durch eine von außen zu bedienende Schiebetür verschließbar sein sollte. Befindet sich die Schlange im Schlupfkasten, so schließt man von außen die Tür, öffnet das Terrarium und verriegelt den Kasten, so daß man anschließend gefahrlos im Becken hantieren kann. Ideal ist eine Außenmontage, da man dann notfalls den Kasten mitsamt der Schlange gefahrlos entfernen kann.

Doch was sind eigentlich Giftschlangen? Vereinfacht gesprochen, handelt es sich bei ihnen um Schlangen, deren Biß bei Mensch und Tier Vergiftungserscheinungen hervorruft. Dazu gehören die Vipern (Viperidae), die Grubenottern (Crotalidae), die Giftnattern (Elaphidae) und die schon erwähnten Trugnattern aus der Familie der Nattern (Colubridae). Und da die Möglichkeit eines Giftbisses immer gegeben ist, muß auch stets ein Antiserum vorhanden sein. Wer sich näher für dieses Thema interessiert, sollte sich unbedingt Spezialliteratur, wie das Buch von Trutnau (1998), zulegen.

Schildkröten

Während viele Menschen den meisten Amphibien- und Reptilienarten eher mit Abneigung als mit Sympathie begegnen, stellen die Schildkröten die wohl einzige positive Ausnahme dar: Ihnen sind die Menschen oftmals freundlich zugetan, und auch in ihren Heimatländern werden ihnen Eigenschaften wie Gemütlichkeit, Gutartigkeit, Ruhe und Weisheit nachgesagt. Daher verwundert es auch nicht, daß sie zu den beliebtesten Heimtieren überhaupt gehören. Zahlreiche Schildkrötenliebhaber haben eine ganz eigene Bindung an ihre Pfleglinge entwickelt, wie man sie sonst nur gegenüber Hunden und Katzen antrifft.

Wahrscheinlich haben sich die Schildkröten schon vor über 200 Millionen Jahren zu einer eigenständigen Reptilienordnung (Testudines) entwickelt. Wenn man von diesen Tieren spricht, denkt man zuerst an den charakteristischen Panzer. In der Tat ist er ihr augenfälligstes Kennzeichen, das sie von allen anderen Reptilien unterscheidet. Meistens besteht er aus Hautknochenplatten, die mit den Rippen verwachsen sind. Dabei entsprechen die Hornschilder in etwa den üblichen Schuppen der Reptilienhaut, wobei ihre stets gleichbleibende Anordnung als Mittel zur Identifizierung der jeweiligen Art dienen kann. Einige Arten haben den Knochenpanzer aus praktischen Gründen wieder reduziert, wobei aber seine hornigen Bestandteile vollständig erhalten blieben. Hierzu gehören insbesondere die Weich- und Lederschildkröten.

Schildkröten gehören eindeutig zu den »Sympathieträgern« unter den Reptilien.

Betrachtet man die heutigen Schildkrötenarten insgesamt, so wird die Ordnung Testudines (= Schildkröten) in zwei Untergruppen unterteilt: die Cryptodira (Halsberger) und die Pleurodira (Halswender). Die Frage, welcher Gruppe die einzelnen Arten zuzuordnen sind, läßt sich recht einfach beantworten. So sind die Halsberger in der Lage, ihren Kopf mehr oder minder vollständig in den Schutz des Panzers zurückzuziehen, während die Halswender ihn zwischen den Panzerrändern bergen. Die Halsberger scheinen die im Laufe der Evolution erfolgreichere Gruppe zu sein: Sie haben hochgradig spezialisierte Land-, Süßwasser- und Meeresschildkröten hervorgebracht. Hingegen blieben die eher konservativen Halswender auf das Süßwasser beschränkt.

Die Schildkröten leben heute vor allem in den Tropen oder Subtropen; nur wenige Arten dringen bis in die gemäßigten Zonen vor. Als Lebensraum haben sie sich zahllose Habitate erschlossen, vom Meer über Flüsse, Seen, Weiher, Sümpfe und Moore bis hin zu Wüsten, Savannen, Steppen und Regenwäldern. Selbst Kulturlandschaften wie Kanäle, Teiche, Reisfelder, Getreidefelder und Weiden werden teilweise von ihnen bewohnt.

Aufgrund ihrer teilweise recht langsamen und bedächtig wirkenden Bewegungen ist man geneigt, Schildkröten für eher stumpfsinnig und – was die Haltungsbedingungen betrifft – pflegeleicht zu halten. Dieser Eindruck täuscht jedoch. Auch diese Reptilien sind recht anspruchsvolle Tiere, die zu ihrem Wohlergehen unbedingt auf eine angemessene Haltung und Ernährung angewiesen sind. Außerdem eignen sich Schildkröten auf gar keinen Fall als »Kinderspielzeug».

Sumpf- und Wasserschildkröten

Die meisten der über 200 Schildkrötenarten gehören zu den Sumpf- oder Wasserschildkröten und halten sich überwiegend oder ständig im nassen Element auf. Je nach Herkunft und Lebensweise müssen sie in Aquarien oder Aquaterrarien untergebracht werden; teilweise ist sogar eine Pflege im Gartenteich möglich. Für fast alle Sumpf- und Wasserschildkröten stellt ein wenigstens kurzfristiger Freilandaufenthalt während der wärmsten Sommertage eine willkommene Abwechslung gegenüber dem gewöhnlichen Terrarienalltag dar.

Die nur im Wasser lebenden Arten können in einem Aquarium gepflegt werden, das wegen der enormen Größe der Tiere allerdings oftmals beachtliche Dimensionen aufweisen muß. Dabei muß immer sichergestellt sein, daß die Schildkröten zum Atmen problemlos an die Oberfläche gelangen können.

Sumpf- und Wasserschildkröten erkennt man an den mehr oder weniger paddelförmig ausgebildeten Füßen.

Zur Unterbringung aller hauptsächlich im Wasser lebenden Arten eignet sich das Aquaterrarium. Es kann ganz einfach aus einem umgestalteten Aquarium bestehen, in das – abhängig von der gepflegten Art – ein Landteil eingebaut wird. Wichtig ist es, ständig für eine gute Wasserqualität zu sorgen: hier leisten Filter und eingebaute Abflüsse gute Dienste. Die meisten Sumpf- und Wasserschildkröten sind Gemischtköstler, doch gibt es auch reine Pflanzen- beziehungsweise Fleischfresser.

Landschildkröten

Was sind Landschildkröten? Darüber existieren zwei unterschiedliche Auffassungen. Zum einen verstehen die Wissenschaftler darunter alle Arten der Gattung *Testudo*, während andere Sichtweisen vor allem auf den Lebensraum abzielen und daher auch rein landbewohnende Sumpfschildkröten wie die Dosenschildkröten der Gattung *Terrapene* dazuzählen. In diesem Falle darf man jedoch die überwiegend terrestrischen amerikanischen und asiatischen Erdschildkröten der Gattungen *Rhinoclemys*, *Geomyda*, *Melanochelys* und *Heosemys* nicht außer acht lassen.

Alle Echten Landschildkröten (Gattung *Testudo*) besitzen einen Knochenpanzer. Dieser hat sich aus umgeformten Bestandteilen des Skelettes, aber auch aus speziell gebildeten Hautknochen entwickelt.

Allerdings sollte man seine Schutzwirkung nicht überschätzen: Zwar ist die Festigkeit – insbesondere, wenn sich der Druck langsam und gleichmäßig auf den gesamten Panzer verteilt – enorm: so können sich zum Beispiel problemlos mehrere Personen auf eine Riesenschildkröte setzen, ohne daß sie Schaden erleidet. Jedoch reagieren Landschildkröten sehr empfindlich auf plötzliche, punktuell einwirkende Druckbelastungen. Eine Kugel durchdringt ohne Probleme selbst den Panzer der größten Riesenlandschildkröte. Ebenso darf man

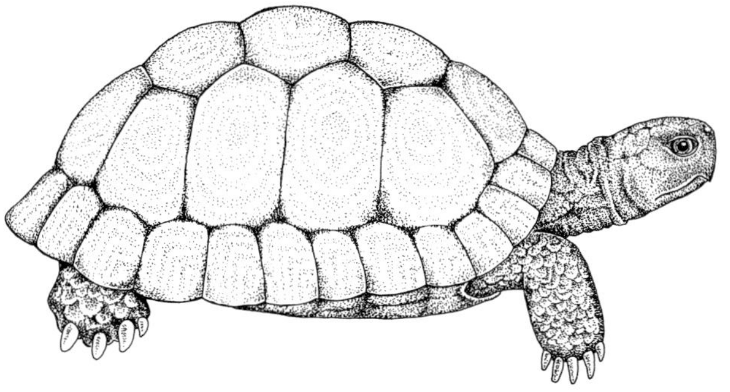

Landschildkröten stellen nach wie vor beliebte Terrarientiere dar.

eine Schildkröte niemals fallen lassen, da Knochenbrüche und schwere innere Verletzungen die Folge sein können. Auch die Gefäße könnten in diesem Falle Schaden nehmen, und es bestünde die akute Gefahr des inneren Verblutens. Der Panzer bietet insofern also nur bedingt Schutz.

Die Haltung der meisten Landschildkrötenarten erfolgt in Zimmerterrarien. Dafür kommen die unterschiedlichsten Behälter mit ausreichend großer Bodenfläche in Frage. Zwar stammen die meisten Arten aus relativ trockenen Lebensräumen, doch benötigen einige Landschildkröten eine eher feuchte Umgebung und/oder eine vergleichsweise hohe relative Luftfeuchtigkeit.

Die Haltungstemperatur sollte – natürlich wiederum artabhängig – am Tage zwischen 25 und über 30 °C schwanken und nachts leicht abfallen. Wichtig ist, daß immer für eine ausreichende Beleuchtung und Beheizung gesorgt ist.

Wesentlich häufiger – und für Gartenbesitzer sehr zu empfehlen – sind die europäischen Arten aus den gemäßigten Zonen ihrer Verbreitungsgebiete. In der Regel lassen sie sich den ganzen Sommer hindurch im Garten pflegen und werden nur während der Übergangsjahreszeiten im Zimmerterrarium sowie im Winter in einem geeigneten Überwinterungsquartier untergebracht. Nähere Angaben zu dieser interessanten Familie finden Sie bei Müller & Schmidt (1995).

Die Ansprüche der Terrarientiere an ihren künstlichen Lebensraum

Alle von uns in diesem Buch vorgestellten Arten gehören zu den sogenannten wechselwarmen Tieren. Das bedeutet, daß sie – im Gegensatz zu den Säugetieren und Vögeln – nicht ständig in der Lage sind, ihre Körperwärme selbständig zu erhöhen oder auch nur konstant zu halten: Sie ist vielmehr von der aktuellen Temperatur des sie umgebenden Lebensraumes (der sogenannten Umgebungstemperatur) abhängig. Die Strahlungswärme spielt dabei eine wichtige Rolle (beispielsweise der Sonnenschein oder die in Steinen und ähnliche Substraten »gespeicherte« Energie, die am Abend und in der Nacht während des Abkühlungsprozesses langsam wieder abgebaut wird).

Alle unsere Pfleglinge benötigen daher eine bestimmte »Betriebstemperatur«, die für das Ablaufen ihrer lebenswichtigen Körperfunktionen (Aktivität, Verdauung und andere) unbedingt erforderlich ist. Anders ausgedrückt: Unsere Terrarientiere beanspruchen durchweg einen ganz spezifischen Temperaturbereich, innerhalb dessen ihre wichtigsten Körperfunktionen erst ablaufen und bei dem sie ihr gesamtes, bisweilen sehr abwechslungsreiches Verhaltensrepertoire zeigen. Der Bereich kann von Art zu Art sehr unterschiedlich ausfallen. Ganz allgemein unterscheidet man zwei unterschiedliche Typen von Wärmebereichen: zum einen die »Aktivitätstemperatur« – das ist der Bereich, in dem das Tier grundsätzlich »aktiv« ist. Stark vereinfacht kann man ihn für die meisten Bewohner unserer Terrarien bei 15–35 °C oder sogar etwas darüber ansetzen.

Es ist wichtig, den Tieren durch entsprechende Temperaturbereiche im Terrarium die Möglichkeit zur Einstellung ihrer Körpertemperatur zu geben.

Zum anderen kennt man die sogenannte »Vorzugstemperatur«. Sie liegt in der Regel höher als die Aktivitätstemperatur und wird anhand der Körperwärme des Tieres gemessen. Seine Vorzugstemperatur regelt ein Tier, indem es sich aktiv an Stellen bestimmter Umgebungstemperatur aufhält. Schon hieraus wird ersichtlich, daß man zum einen das Terrarium auf ein gewisses Niveau erwärmen muß und daß man zum anderen seinen Bewohnern eine Gelegenheit bieten muß, sich lokal auf ihre Vorzugstemperatur zu erwärmen – möglichst in Form eines Strahlers, weil Strahlungswärme (Sonne) am natürlichsten ist. Steigt die Umgebungs- längerfristig über die Vorzugstemperatur, so sterben unsere Pfleglinge unweigerlich den Hitzetod.

Für die artgerechte Unterbringung ist die Gewährleistung einer ausreichenden Thermoregulation daher von entscheidender Bedeutung: Grundsätzlich sollte in jedem Terrarium ein gewisses Temperaturgefälle existieren, das von einem Wert oberhalb der Vorzugstemperatur bis weit unterhalb davon reicht. In dieser Hinsicht gibt es keinen individuellen Spielraum, sondern einzig und allein physiologische Zwänge!

Aber nicht nur das Erreichen einer bestimmten »Betriebstemperatur« kann für die Pflege wichtig sein: Tiere vieler Arten benötigen zu ihrem Wohlergehen auch eine starke nächtliche Temperaturabsenkung, die man daher im Terrarium unbedingt imitieren muß. Aus dem gleichen Grunde sollten wir unseren Tieren teilweise einen gewissen klimatischen Jahreszeitenrhythmus zukommen lassen, der sich leicht mit Hilfe einer Zeitschaltuhr imitieren läßt.

Nur wenige Arten haben sich auf bewundernswerte Weise an für wechselwarme Tiere eigentlich zu kalte Lebensräume – etwa in den gemäßigten Breiten und im Hochgebirge – angepaßt, wie beispielsweise der Erdleguan *Liolaemus multiformis*. Diese Spezies bewohnt in den Anden Höhenlagen bis zu 5000 m und darüber. Zur Fortpflanzung nutzen die Echsen nicht etwa den (gemessen an der Umgebungstemperatur) »wärmeren« Sommer, sondern sie bringen ihre Jungen im Winter zu Welt. Der Grund dafür liegt in der zu dieser Jahreszeit wesentlich längeren Sonnenscheindauer, die es den Leguanen gestattet, recht schnell ihre Vorzugstemperatur zu erreichen, um anschließend ihren größten Aktivitätsgrad zu entwickeln. Durch entsprechende Sonnenbäder vermag sich *Liolaemus multiformis* derart aufzuheizen, daß sein Körper etwa 30 °C wärmer als die kühle Umgebung ist.

Andere Arten – zum Beispiel unsere einheimischen Amphibien und Reptilien – verbringen eine Art Winterruhe, wieder andere sterben im Herbst, und nur ihre Eier überwintern (das ist etwa bei unserer einheimischen Gottesanbeterin *Mantis religiosa* der Fall). Allerdings können unsere Terrarientiere in der freien Natur nicht nur allzu kühlen Temperaturen ausweichen: Auch lebensbedrohlicher Trockenheit und zu hohen Hitzegraden entziehen sich einige durch eine Art Sommerruhe.

Innerhalb ihres riesigen Verbreitungsgebietes – es umfaßt praktisch die gesamte Erde mit Ausnahme der arktischen und subarktischen Regionen – haben unsere Pfleglinge die unterschiedlichsten Anpassungen an sehr verschiedene Umweltbedingungen und Lebensräume vollzogen, was seinen Ausdruck auch in ihrer enormen Arten- und Formenvielfalt findet. Die einzelnen Arten erschließen dabei selbst die scheinbar ungeeignetesten ökologischen Nischen und haben sich diesen oftmals hervorragend angepaßt. Es ist daher unerläßlich, daß man den jeweiligen Lebensraum und die dort vorherrschenden klimatischen Bedingungen genau kennt. Hierfür ist das sorgfältige Studium der einschlägigen Spezialliteratur unerläßlich.

Bereits aus dieser kurzen Übersicht wird deutlich, wie stark unsere Tiere von bestimmten Klimafaktoren abhängig sind. Wir wollen daher im folgenden alle Parameter vorstellen, deren Nachahmung als unerläßliche Voraussetzung für eine erfolgreiche Pflege im Terrarium gelten kann.

Klima

Das Wettergeschehen setzt sich aus unterschiedlichen Faktoren zusammen, die in gegenseitiger Abhängigkeit voneinander stehen und laufenden Veränderungen unterworfen sind. Die wichtigsten Elemente sind dabei die Temperatur (die ihrerseits von der Sonneneinstrahlung, der Umgebungstemperatur, der Luftbewegung und anderen Faktoren beeinflußt wird), die Niederschläge, die relative Luftfeuchtigkeit, die Lichtintensität und der Luftdruck.

Dieses Wettergeschehen ändert sich unablässig, und zwar einmal – als Tag-Nacht-Schwankung – im Tages-, zum anderen im Jahreszyklus. Dabei verändern sich neben der Temperatur vor allem die Tag-Nacht-Länge und zahlreiche weitere saisonal unterschiedlich ausgeprägte Phänomene (wie etwa Regen- und Trockenzeiten).

Nicht nur die Kenntnis des allgemeinen Klimas in den Herkunftsgebieten unserer Tiere ist für die erfolgreiche Pflege wichtig, sondern vor allem die Berücksichtigung des Mikroklimas an ihrem genauen Aufenthaltsort.

Durch jahrelanges Aufzeichnen dieser Werte hat man versucht, die einzelnen Landstriche nach ihrem jeweiligen Klima zu charakterisieren. Bei genauer Betrachtung zeigt sich jedoch, daß die dabei bestimmten Mittelwerte eher irreführend sein können, denn die tatsächlichen Werte sind stark von den örtlichen Gegebenheiten oder den angewandten Meßverfahren (Wo erfolgten die Messungen? Im Wald oder außerhalb? In welcher Höhe über dem Boden?) abhängig. Ein häufiger Haltungsfehler liegt daher in der Vernachlässigung von Mikroklimaten. Was nützen uns allgemeine Temperaturmessungen, die einen Meter über dem Boden erfolgt sind, wenn sich unser Pflegling tagsüber im Boden verbirgt und nur nachts aktiv ist? So benötigen beispielsweise auch Wüstentiere oftmals kühle und feuchte Rückzugsgebiete, denn in einigen Teilen ihres Lebensraumes befinden sich bereits in 50 cm Tiefe leicht feuchte Sandschichten. Meistens wird man daher den Bodengrund des Terrariums an einzelnen Stellen stets etwas feuchter halten.

Die Einhaltung einer Winterruhe ist für viele Tiere der Auslöser für die darauf folgende Balz und Vermehrung.

Kennt man den ungefähren Fundort seiner Pfleglinge, so kann man die zutreffenden Daten leicht einem entsprechenden Klimakatalog entnehmen (zum Beispiel Müller 1983).

Wie schon ausgeführt, sind diese Durchschnittswerte jedoch mit Vorsicht zu genießen, denn es ist keineswegs ratsam, alle in der Natur vorherrschenden Gegebenheiten im Terrarium auch tatsächlich in allen Einzelheiten nachzuahmen. So werden beispielsweise Wüsten nicht etwa deshalb bewohnt, weil es dort unbarmherzig heiß ist und die Bodentemperatur weit über 50 °C ansteigen kann. Vielmehr haben sich die dort lebenden Tiere diesen lebensfeindlichen Bedingungen unter anderem in der Weise angepaßt, daß sie ihre Aktivitätszeit in die Nacht verlegt haben und den Tag in einem relativ kühlen Versteck verborgen zubringen.

Wenig sinnvoll ist es auch, andere natürliche Klimabedingungen – wie sintflutartige Niederschläge, extreme Trockenheit oder Temperaturen unter dem Gefrierpunkt – zu imitieren. Wesentlich besser und auch leichter ist es da schon, die für die Haltung wirklich günstigen oder – besser gesagt – notwendigen Gegebenheiten zu simulieren. Gleichwohl müssen alle natürlichen Schwankungen – wie etwa der Tag-Nacht-Rhythmus, der über Aktivität und Schlafenszeit der Pfleglinge entscheidet, und die Jahreszeiten oder der Wechsel zwischen Trocken- und Regenzeit – unbedingt simuliert werden, denn diese saisonalen Abläufe sind häufig unabdingbare Auslöser für den Fortpflanzungszyklus.

Temperatur

Wie bereits angedeutet, stellt die Temperatur sicher einen der wichtigsten Klimafaktoren im Terrarium dar. Die wechselwarmen Tiere benötigen immer einen ganz spezifischen Temperaturbereich, in dem ihre wichtigsten Körperfunktionen überhaupt erst ablaufen und sie ihr abwechslungsreiches Verhalten zeigen können.

Besonders wichtig ist in diesem Zusammenhang auch die Frage, ob unsere Pfleglinge eine Winterruhe benötigen oder nicht. Ganz allgemein kann man davon ausgehen, daß die Tiere dort, wo die Durchschnittstemperatur des kältesten Monats unter 10 °C sinkt, eine – oft allerdings nur recht kurze – Winterruhe einlegen (Näheres zum Thema »Überwinterung« später). Aber auch in anderen Gebieten, von denen man es häufig gar nicht vermuten würde, kann es aufgrund von ungünstigen Witterungseinflüssen zu kurzfristigen inaktiven Phasen kommen. Hier seien beispielsweise die Tiere aus den Bergwäldern Ostmadagaskars angeführt, wo zahlreiche Arten in Verstecken Schutz vor der kühlen Witterung suchen. Allerdings scheint das exakte Einhalten dieser makroklimatischen Bedingungen nur für die Amphibien und Reptilien von entscheidender Bedeutung zu sein, während sich Wirbellose oftmals problemlos unter ständig gleichbleibenden Bedingungen pflegen und vermehren lassen.

Luft

Ebenso wichtige Faktoren des Terrarienklimas – die aber häufig außer acht gelassen werden – sind die Luftbewegung und das Frischluftbedürfnis. Letzteres ist von Art zu Art unterschiedlich ausgeprägt: So reagieren einige Tiere bereits innerhalb weniger Tage mit Erkrankungen auf allzu kleine Lüftungsflächen. Für andere Arten scheint hingegen der Faktor »Frischluft« überhaupt keine Rolle zu spielen. Trotzdem sollte man sich schon im voraus mit diesem Problem auseinandersetzen. Bei den meisten Arten wird eine ausreichende Luftzufuhr bereits durch zwei größere Lüftungsflächen gewährleistet. Eine von ihnen sollte sich im Deckel befinden, die andere unterhalb der Frontscheibe oder in einer Seitenwand. Gerade bei Regenwaldterrarien, die eine hohe relative Luftfeuchtigkeit benötigen, ist ein Lüftungsgitter unterhalb der Frontscheibe sehr von Vorteil, da die aufsteigende Luft ein Beschlagen der Frontscheibe verhindert oder doch zumindest in Grenzen hält.

Mit der Größe der Lüftungsflächen steuert man gleichzeitig die relative Luftfeuchtigkeit innerhalb des Terrariums. So führen kleine Gazeflächen zu einer hohen relativen Luftfeuchtigkeit, große hingegen zu einer niedrigen. Da es meistens relativ schwierig ist, die richtige Größe der Lüftungsflächen im voraus zu bestimmen, baut man besser Terrarien mit größeren Öffnungen. Diese können später – je nach Bedarf – einfach teilweise mit Glasstreifen abgedeckt werden.

In der Natur kann sich die Wirkung der Luftbewegung auf das Verhalten der Tiere sehr komplex gestalten: So fällt beispielsweise die Fortpflanzungszeit des Grünen Leguans mit dem Beginn der Trockenzeit zusammen, die sich unter anderem durch ein stärkeres Windaufkommen auszeichnet. Die abkühlende Wirkung der Winde ermöglicht es den Leguanen, sich längere Zeit zum Imponieren und Balzen auf besonders exponierten Ästen aufzuhalten.

Ein weiteres wichtiges Thema, das erst seit kurzem in der Terraristik Beachtung gefunden hat, wollen wir nur kurz erwähnen. Es handelt sich dabei um die Verbesserung der Luftqualität mittels Luftionisatoren. Leider liegen Ergebnisse von »Langzeitstudien« bisher nur aus dem Bereich der Wirbellosenpflege vor. Es ist kein Geheimnis, daß sich in kleinen Behältern – sprich: unseren Terrarien – mit einem nur geringen Luftaustausch eine unnatürlich hohe Zahl von Bakterien, Pilzsporen und Viren entwickelt. Dieser Umstand führt vermutlich zu einer fortschreitenden Schwächung der Tiere, die sie letztendlich schon »normalen Infektionskrankheiten« erliegen läßt. Mit Hilfe des Ionisators lassen sich nun in der Luft befindliche Teilchen elektrostatisch aufladen, so daß sich Staub, Bakterien und Pilzsporen zusammenballen und nicht mehr in der Schwebe halten können.

Licht

Für viele Arten spielt die Beleuchtung eine ebenso wichtige Rolle wie die Temperatur: So ist zum Beispiel ihre Aktivität hauptsächlich von den Lichtverhältnissen (Tag-Nacht-Rhythmus) abhängig, an denen sich ihre Ruhe- und Aktivitätsphasen orientieren.

Für viele Terrarientiere spielt die sich im Laufe des Jahres verändernde tägliche Beleuchtungszeit eine wichtige Rolle.

Wichtig ist außerdem, daß der Jahrestemperaturzyklus in Übereinstimmung mit der Beleuchtung geschaltet wird, da von zahlreichen wichtigen Körperfunktionen und Verhaltensweisen bis heute nicht geklärt ist, ob sie von der Temperatur, der Photoperiode oder einer Kombination aus beiden Faktoren ausgelöst beziehungsweise gesteuert werden. Die bekanntesten Beispiele für derartige Phänomene liefern uns das Europäische Chamäleon *Chamaeleo chamaeleon* und Parsons Chamäleon *Calumma parsonii* aus Madagaskar.

Bei der erstgenannten Art fällt der Beginn der Fortpflanzungsperiode einiger Populationen genau mit dem Wechsel von zunehmender zu abnehmender Tageslänge im Mittelmeerraum zusammen. Fast genau 14 Tage nach dem längsten Tag (21. Juni) beginnen die Tiere mit ihren Fortpflanzungsaktivitäten. Ähnlich verhält es sich bei *Calumma parsonii* – nur ist diese Art noch viel stärker von der natürlichen Tageslänge abhängig. So legen die Chamäleons – unabhängig von der Temperatur – im Winter eine Art inaktive Phase ein. Während dieser Zeit sitzen sie den ganzen Tag über fast unbeweglich in ihrem Versteck und nehmen auch nur noch gelegentlich Nahrung oder Flüssigkeit zu sich. Etwa Mitte Februar, wenn die Tageslänge bei uns wieder deutlich zunimmt, fangen auch die Tiere wieder an, aktiv zu werden. Interessanterweise lassen sich die Chamäleons

Ideal wäre die Aufstellung eines Terrariums unter einem Plexiglasdach, wie es in Wintergärten und Gewächshäusern möglich ist.

Leider liegen kaum verwertbare Angaben über das tatsächliche Lichtbedürfnis der von uns gepflegten Tiere vor.

nicht von der künstlichen Beleuchtung täuschen, sondern richten sich ausschließlich nach dem natürlichen Tageslicht.

Die Sonnenscheindauer beträgt am Äquator – also auf 0° Breite – das ganze Jahr hindurch unverändert 12,1 Stunden. Bereits bei 10° Breite beläuft sich die Jahresschwankung schon auf mehr als eine Stunde (sie bewegt sich also zwischen 11,6 und 12,7 Stunden). Ganz anders sieht es zum Beispiel bei 50° Breite aus: Hier steigert sich die Dauer der Helligkeitsperiode im Laufe des Jahres von etwa 8,5 Stunden im Winter auf 16,3 Stunden im Sommer.

Es ist jedoch zu bedenken, daß in den nördlichen Breiten der Winter in den Januar fällt, auf der Südhalbkugel dagegen in den Juli. Erhält man Tiere aus der südlichen Hemisphäre, so ist es oft recht schwierig, sie auf unseren Jahresrhythmus umzugewöhnen. Steht das Terrarium in einem Klimaraum ohne nach außen führende Fenster, so kann man die »verkehrten« Jahreszeiten leicht imitieren. Üblicherweise erhält man Tiere von der Südhalbkugel nur in unserem »Nordwinter«, da sie dann ja aktiv sind. Am besten leitet man in diesem Falle die Winterruhe beziehungsweise die »Kühlere Jahreszeit« einfach sechs Monate später ein, wenn auch bei uns die Temperaturen und die Tageslänge naturbedingt abnehmen. Bis dahin orientiert man Haltungswärme und Beleuchtungsdauer weiterhin möglichst konstant an den Verhältnissen, die während des Sommers im natürlichen Lebensraum dieser Tiere vorherrschen. Allerdings zieht diese Methode oft auch Probleme nach sich. Einfacher gestaltet sich demgegenüber schon die Pflege von bei uns geborenen Nachzuchten, da sie von vornherein an unsere Photoperiode (Schwankung der Tageslänge), aber auch an die natürlichen Temperaturverläufe gewöhnt sind. Auch für den Normalterrarianer läßt sich eine kühle Haltungsphase im Winter wesentlich leichter als im Hochsommer arrangieren. Letzteres wäre nur mit einer ausgeklügelten und leider auch sehr teuren Technik möglich (um gar nicht erst von den Energiekosten zu reden...).

Der ideale Aufstellplatz eines Terrariums befände sich folglich unter einem Plexiglasdach, wie es zum Beispiel in Wintergärten, Gewächshäusern und – besonders häufig – in zoologischen Gärten vorhanden ist. Da diese Standortwahl für viele Reptilienarten zahlreiche Vorteile aufweist, wollen wir uns später noch ausführlicher mit ihr auseinandersetzen.

Vergleicht man die Lichtintensität künstlicher Beleuchtungskörper – auf die wir leider bei der Terrarienhaltung angewiesen sind – mit dem natürlichen Sonnenlicht, so wird schnell deutlich, daß dessen Werte im Terrarium nicht einmal annähernd zu erreichen sind. Dafür nur einige Zahlen: Die Beleuchtungsstärke einer 40-Watt-Glühlampe beträgt in einem Meter Entfernung noch etwa 35 Lux. Im Gegensatz dazu haben wir es in den Tropen mit Beleuchtungsstärken von etwa 100000 Lux in der Sonne und immerhin noch etwa 10000 Lux im Schatten eines Baumes zu tun. Während ihrer Aktivitätsperioden sind die meisten Amphibien- und Reptilienarten fast nie wesentlich geringeren Lichtmengen ausgesetzt – wenn man einmal von streng nachtaktiven oder ausschließlich auf dem Regenwaldboden lebenden Arten absieht. Selbst auf einem überdachten Balkon beträgt die dazu im Vergleich geradezu lächerlich anmutende Lichtintensität in unseren Breiten nur noch 5000, direkt hinter einem Fenster sogar nurmehr etwa 2000 Lux.

Wichtig ist, daß man sich bei der Einschätzung der jeweils vorherrschenden Lichtstärke nie von der Wahrnehmungsfähigkeit des menschlichen Auges täuschen läßt und die Lux-Zahl nur mittels spezieller, in Pflanzenfachgeschäften erhältlicher Luxmeter mißt. Verläßliche Angaben zu den von den einzelnen Amphibien- und Reptilienarten benötigen Beleuchtungsstärken liegen nicht vor und ließen auch nur schwer ermitteln. Man sollte sich daher auf seine gesunde Beobachtungsgabe verlassen und versuchen, eventueller Inaktivität oder auch mangelnder Farbintensität mit erhöhter Lichtzufuhr zu begegnen. Die höchsten Ansprüche stellen die Sonnenanbeter unter den Reptilien und Wirbellosen, wie zahlreiche Leguane, Chamäleons, Agamen, Gottesanbeterinnen und andere. Oft leben diese Tiere in ausgesprochen offenen Landschaften, wie Wüsten und Trockensavannen. Um diesen Arten – aber auch allen anderen – dennoch eine angemessene Lichtstärke zu bieten (aber auch aus Energiespargründen), sollten als Terrarienbeleuchtung nur hochwertige Strahler und Leuchtstoffröhren eingesetzt werden.

Eine der wichtigsten Fragen, die sich in diesem Zusammenhang immer wieder stellt, lautet: Wie viele Röhren (oder Beleuchtungskörper) benötige ich für ein bestimmtes Terrarium? Diese Frage läßt sich nicht immer so einfach beantworten, wie man es teilweise der Literatur entnehmen kann. Die Antwort ist vielmehr abhängig von der jeweils gepflegten Wirbellosen-, Amphibien- oder Reptilienart, von dem Behältertyp, der Bepflanzung, der Terrarientiefe und -höhe, aber auch vom Aufstellplatz und anderen Faktoren. Hier hilft nur eins: erfahrene Terrarianer zu fragen und sich auf die eigene Beobachtungsgabe zu verlassen.

Die Beleuchtungsdauer sollte, wenn nötig, nach dem Jahreszeitenrhythmus schwanken oder aber etwa 12–14 Stunden täglich betragen. Bei der Vermehrung bestimmter Wirbelloser kann sogar eine ganzjährig konstante Beleuchtungsdauer von täglich über 14 Stunden erforderlich sein.

Aber auch ganz andere physiologische Vorgänge werden vom Licht und seiner Intensität gesteuert oder zumindest beeinflußt. Das trifft vor allem für die Reptilien zu: So zeigen viele Arten ihr schönstes Farbkleid und ihr volles Verhaltensrepertoire nur bei ausreichender Lichtmenge. Es scheint sicher, daß der Stoffwechsel durch eine entsprechende Lichtintensität positiv angeregt wird. Wahrgenommen wird diese wahrscheinlich durch das Scheitel- oder Parietalauge. Dieses rudimentäre Sinnesorgan sitzt auf der Kopfoberseite und ist bei einigen Echsen gut an seiner entfernt an ein Auge erinnernden Zeichnung zu erkennen. Man vermutet heute, daß die Tiere mit seiner Hilfe ihren endogenen Rhythmus steuern, zu dem unter anderem die Regulation der Körpertemperatur und die Dauer der Sonnenbäder, aber auch Körperfunktionen wie Wachen und Schlafen gehören.

Vielen Arten – unter anderem zahlreichen Leguanen (zum Beispiel dem Grünen Leguan, *Iguana iguana*, den Kielschwanzleguanen, *Tropidurus* spp., den Krötenechsen der Gattung *Phrynosoma* und anderen), nahezu allen Echten Chamäleons (zum Beispiel dem Panther- [*Furcifer pardalis*], Teppich- [*F. lateralis*], Dreihorn- [*Chamaeleo jacksonii*] und Bunten Zwergchamäleon [*Bradypodion pumilum*]), den meisten Waranen (*Varanus* spp.) sowie wie vielen Agamen und Skinken sollte man daher auch einen kurzen Sommerurlaub im Freilandterrarium oder in einer Voliere auf dem Balkon ermöglichen. Oft wirkt sich hier auch die natürliche UV-Strahlung sehr positiv aus, die für bestimmte Stoffwechselprozesse wichtig ist. Auch für ihre Wahrnehmung scheint wieder das Parietalauge verantwortlich zu sein: Dort hat man neben Sehzellen auch für UV-Licht empfindliche Zellen nachgewiesen.

Zum Wohlbefinden vieler Tiere trägt ein »Sommerurlaub« im Freilandterrarium erheblich bei.

Feuchtigkeit

Als letzter wichtiger Klimafaktor muß noch die Feuchtigkeit erwähnt werden. Es ist kein Geheimnis, daß kein Lebewesen ohne Wasser existieren kann. Das gilt vor allem für die Amphibien, aber genauso für Gliederfüßer und Reptilien. Alle Tiere müssen ihren Flüssigkeitsbedarf auf irgendeine Weise aus irgendeiner Quelle decken: Im Normalfall trinken sie dazu direkt Wasser. Einige Gliederfüßer- und Reptilienarten aus sehr ariden Regionen unserer Erde haben sich ihrem extremen und an sich durchaus lebensfeindlichen Lebensraum in der Weise angepaßt, daß sie die lebensnotwendige Feuchtigkeit fast ausschließlich ihrer Nahrung entnehmen. Andere – hauptsächlich Amphibien – können ihren Flüssigkeitsbedarf zumindest teilweise decken, indem sie das Wasser direkt durch die Haut aufnehmen. Wieder andere Arten sind sekundär (wenigstens zeitweise) erneut zu einem Leben im Wasser übergegangen. Das bekannteste Beispiel für dieses Phänomen ist der Axolotl (*Ambystoma mexicanum*).

Daraus ergibt sich, daß die Feuchtigkeit auf recht unterschiedliche Art und Weise das Leben unserer Pfleglinge beeinflußt: Zum einen in Gestalt der jeweils vorherrschenden relativen Luftfeuchtigkeit, andererseits in Form von Niederschlag oder als Substratfeuchte des betreffenden Habitats. Nicht vergessen darf man, daß das Wasser natürlich auch gänzlich zum Lebensraum einiger Arten werden kann. Besonders ausgeprägt ist die Abhängigkeit von der Feuchtigkeit bei den Amphibien, da diese durch ihre dünne Haut kaum vor Austrocknung geschützt sind. Sie sind daher auch fast durchweg in ausgesprochen feuchten Habitaten anzutreffen.

Amphibien sind in besonderem Maße von der Feuchtigkeit ihrer Umgebung abhängig.

Die relative Luftfeuchtigkeit kann in den einzelnen Lebensräumen eine recht unterschiedliche Ausprägung erfahren: Für eine angemessene Tierhaltung sind präzisere Informationen zu diesem Aspekt unerläßlich, wirkt er sich doch in vielfacher Hinsicht auf die Physiologie der Tiere aus. Bei den Amphibien etwa führt die relative Luftfeuchtigkeit zu einer Aktivitätssteigerung, während sie bei zahlreichen Reptilien – und insbesondere auch Wirbellosen – unter anderem für einen reibungslosen Ablauf der Häutung sorgt. Für Letztere, die sich hauptsächlich in den frühen Abendstunden häuten, empfiehlt sich der Einsatz eines Ultraschall-Luftbefeuchters: Er bringt die relative Luftfeuchtigkeit zur gewünschten Tageszeit auf die erforderliche Höhe von 80–100 Prozent und unterstützt damit die problemlose Häutung zahlreicher Gottesanbeterinnenarten.

Die relative Luftfeuchtigkeit der bodennahen Luftschichten resultiert in der Regel aus der Abgabe von Feuchtigkeit durch die feste Oberfläche. Vereinfacht läßt sie sich daher den einzelnen Luftschichten folgendermaßen zuordnen: Ihr höchstes Niveau erreicht sie in den Regenwaldgebieten, wo sie sich gleichmäßig auf bodennahe und höhere Luftschichten verteilt. In den heißen Trockengebieten der Tropen und Subtropen schwankt sie im Laufe eines Tages enorm: meist ist sie nachts am höchsten und in Bodennähe fast immer geringer als in höheren Luftschichten. Genau umgekehrt verhält es sich zum Beispiel in den gemäßigten Feuchtklimaten. Auch hier benötigen wir präzise Informationen über den Lebensraum der Tiere: Was nützt uns schon die Angabe, daß ein Gecko aus den heißen und ariden Savannenlandschaften Afrikas stammt, wenn er dort nicht unter ständig den täglichen Klimaschwankungen ausgesetzten trockenen Steinen sitzt, sondern in Termitenbauten lebt, die ganzjährig eine konstante relative Luftfeuchtigkeit von 80 Prozent aufweisen und in denen die Temperatur lediglich zwischen 28 und 29 °C schwankt?

Die zweite Art, auf die sich der Faktor Feuchtigkeit auf die Umwelt auswirken kann, ist der Niederschlag: auch er übt auf zahlreiche Amphibienarten eine aktivitätsfördernde Wirkung aus. Ganz allgemein bestimmt bei zahlreichen Arten der Wechsel von Trocken- und Regenzeit den Verlauf ihrer Fortpflanzungaktivitäten. Daher ist eine Imitation des natürlichen Jahreszeitenrhythmus oft unerläßlich. Die Auswirkungen eines plötzlichen Regenschauers sind oft sehr direkt und spontan: Hat man zum Beispiel über längere Zeit Kubalaubfrösche (*Osteopilus septentrionalis*) gepflegt, ohne daß die Tiere sich fortgepflanzt hätten, so reicht es oft aus, das Terrarium mehrere Nächte hintereinander mit Hilfe einer Aquarienpumpe konstant zu beregnen, um das gewünschte Fortpflanzungsverhalten auszulösen. Auch bei einigen wüstenbewohnenden Echsen, Schildkröten und anderen kann das Überbrausen des Terrariums zum Auslöser für das Paarungsverhalten werden. Am beeindruckendsten wirkt jedoch ein heftiges Gewitter in der Wüste – vor allem, wenn es längere Zeit nicht mehr geregnet hat. Die Tiere verlassen ihre Verstecke oft schon, bevor die ersten Tropfen fallen, und begeben sich auf die Jagd. Noch am selben oder spätestens am nächsten Tag beginnen sie dann mit der Fortpflanzung, denn die Zeit, in der ihnen ausreichend Nahrung zur Verfügung steht, ist oft nur knapp bemessen.

Für Tiere vieler Arten stellt das Wasser sekundär ihren natürlichen Lebensraum dar. Sie sollten in möglichst großen Aquarien gepflegt werden, die gegebenenfalls über einen kleinen Landteil verfügen. Das Fortpflanzungsverhalten wird bei diesen Arten in der Regel durch Temperaturschwankungen ausgelöst. Allerdings sollte man immer genau wissen, ob die Tiere aus einem stehenden oder fließenden Gewässer stammen und ob noch andere Faktoren eine Rolle spielen.

Ebenfalls entscheidend wirkt sich bei der Pflege zahlreicher Spezies die Substratfeuchte aus – ein Faktor, dem leider allzu oft zu wenig Beachtung beigemessen wird. Viele Arten verfügen über die Fähigkeit, durch ihre Haut Feuchtigkeit aus dem Substrat aufzunehmen, so daß sie relativ unabhängig von offenen Gewässern sind. Sehr wichtig sind oft auch feuchte Verstecke und Rückzugsgebiete, da sie aufgrund der Verdunstungskälte meist eine kühlere Lufttemperatur als das eigentliche Habitat aufweisen. Von entscheidender Bedeutung ist die richtige Substratfeuchte ferner bei der Pflege von Tieren, die sich durch die Ablage weichschaliger (also typisch squamatenhafter) Eier fortpflanzen, doch gilt dies auch für die empfindlichen Gelege der Gliederfüßer.

Alle von einer pergamentartigen Hülle umgebenen Reptilieneier nehmen die für ihre Entwicklung benötigte Feuchtigkeit über die wasserdurchlässige Eischale auf. Eine zu geringe Substratfeuchte würde aufgrund der Osmose zu einem Flüssigkeitsverlust und damit zum Einfallen (Absterben) der Eier führen. Eine zu hohe Substratfeuchte wiederum kann gelegentlich eine übermäßige Wasseraufnahme verursachen, wobei der Embryo am Ende erstickt, da er nicht mehr in der Lage ist, die Eihülle aufzuschlitzen.

Die Substratfeuchtigkeit spielt bei der Zeitigung von Reptilieneiern eine entscheidende Rolle.

Die meisten Amphibienarten hingegen legen ihre Eier direkt ins Wasser, wo sich dann die Entwicklung des Eies – und später der Kaulquappen – vollzieht. Nur wenige Arten haben sich völlig vom Wasser gelöst und setzen ihre Gelege an Land ab. Diese Tiere haben dann oft komplexe Verhaltensweisen zur Wasserversorgung des Nachwuchses entwickelt. Bekanntestes Beispiel für derartige Strategien sind die Pfeilgiftfrösche der Gattungen *Dendrobates* und *Phyllobates*, bei denen die Eltern ihre Gelege aktiv bewässern.

Auch die Eier oder Gelege der Wirbellosen sind oftmals auf eine gewisse Substratfeuchtigkeit angewiesen. Bei angehefteten Ootheken (Eipaketen beziehungsweise Kokons) und ähnlichen Gebilden wirkt sich dies oftmals in Gestalt der relativen Luftfeuchtigkeit aus, weshalb sie aus dem Terrarium entfernt werden und in separaten Dosen zur Zeitigung gebracht werden müssen.

Überwinterung

Zum Abschluß unser Klimabetrachtung wollen wir noch kurz einige praktische Tips zum Thema »Überwinterung« geben, da diese erfahrungsgemäß in der Praxis gerade dem Anfänger große Schwierigkeiten bereitet. Es empfiehlt sich – wie so oft – auch hier, mit einem erfahrenen Terrarianer Kontakt aufzunehmen und ihn um praktische Ratschläge zu bitten.

Alle Amphibien und Reptilien aus den Gemäßigten Breiten suchen zu

Beginn der kalten Jahreszeit ein frostfreies Versteck auf. Meist vergraben sie sich dafür einfach im lockeren Erdreich. Dort fallen sie in einen Zustand der Bewegungslosigkeit (die sogenannte Winterruhe oder -starre), sobald die Temperaturen nicht mehr ausreichen, um ihren Stoffwechsel ungestört ablaufen zu lassen. Allerdings kommt er nicht vollständig zum Stillstand. Auslöser dieses Verhaltens ist wahrscheinlich eine Kombination aus abnehmender Tageslänge und sinkenden Temperaturen.

Insgesamt stellt die Überwinterung ein sehr umstrittenes Thema dar, denn sie schließt immer ein gewisses Risiko ein. Tiere vieler Arten benötigen sie jedoch als Auslöser für ihr Fortpflanzungsverhalten, und auch im Hinblick auf eine höhere Lebenserwartung spielt sie oftmals eine entscheidende Rolle. Aber – wie so oft – gilt auch hier der Grundsatz: »Keine Regel ohne Ausnahme.« So ist es beispielsweise bei der Haltung und Zucht einiger südeuropäischer Schlangenarten schon geglückt, die Tiere ohne echte Überwinterung zur Nachzucht zu bringen, indem man lediglich die Temperatur und die Beleuchtungsdauer etwas herabsetzte. Hier liegt allerdings noch ein erheblicher Forschungsbedarf vor.

Auch Tiere, die keine Winterruhe einhalten müssen, sind oft auf einen gewissen jahreszeitlichen Zyklus angewiesen.

Natürlich darf man diese Ausführungen nicht so verstehen, daß Tiere, die keine echte Überwinterung benötigen, sich ohne saisonale Pause unentwegt fortpflanzen. Auch sie sind oft auf einen gewissen klimatischen Jahreszeitenrhythmus angewiesen, nur braucht er nicht so extrem ausgeprägt zu sein. Oft kommt er durch kühlere Temperaturen im Winter von allein zustande, oder er läßt sich durch das Abschalten der Heizung und die Verkürzung der Beleuchtungsdauer herbeiführen.

Als erstes stellt sich in der Regel die Frage: Welche Arten benötigen überhaupt eine »echte« Winterruhe? Auch darauf läßt sich keine pauschale Antwort geben, denn bei einigen ist es beispielsweise von Vorteil, die Jungtiere in den ersten Lebensjahren wesentlich kürzer oder gar nicht zu überwintern.

Wirbellose: Hier entfällt die Winterruhe im allgemeinen; es ist jedoch oftmals erforderlich, die Eier oder Puppen eine gewisse Zeit kühl zu lagern.
Amphibien: Eine Winterruhe ist bei allen einheimischen Arten notwendig.
Reptilien: Ebenfalls bei allen einheimischen Arten nötig. Aber auch:
Schildkröten: Bei den europäischen Landschildkrötenarten ist die Winterruhe notwendig, zumindest soweit es sich um Tiere aus den nördlichen Teilen ihrer Verbreitungsgebiete handelt; immer jedoch bei der Griechischen Landschildkröte (*Testudo hermanni*), der Vierzehenlandschildkröte (*T. horsfieldii*) und der Breitrandlandschildkröte (*T. marginata*), den europäischen Sumpfschildkrötenarten (*Emys orbicularis*, *Mauremys caspica* und *M. leprosa*), aber auch bei zahlreichen nordamerikanischen Spezies.
Echsen: Sogar beim Leopardgecko (*Eublepharis macularius*) – einer Art, von der man sicherlich auf den ersten Blick gar nicht annehmen möchte, daß sie eine Überwinterung benötigt – und natürlich auch bei den nordamerikanischen Echsen.
Schlangen: Bei zahlreichen mediterranen, mittelasiatischen und nordamerikanischen Arten.

Wir haben daher versucht, einige Arten, für die eine Überwinterung unbedingt erforderlich oder wenigstens von Vorteil ist, beispielhaft aufzulisten (siehe oben).

Nur die wenigsten Tiere sind so unempfindlich wie die Leopardgeckos. Bei dieser Art erhalten die Tiere einfach etwa zwei bis drei Wochen, bevor sie in den Winterschlaf geschickt werden, keine Nahrung mehr, und gleichzeitig wird die Haltungstemperatur – genauso wie die Beleuchtungsdauer – langsam heruntergefahren. Sobald die Tiere ihren Darm vollständig entleert haben, setzt man sie in die vorbereitete Überwinterungskiste.

Zum Überwintern eignen sich allgemein größere, ältere Terrarien, die in einem kühlen, frostsicheren Raum aufgestellt werden. Hierfür kommen folglich Garagen, Schuppen und sehr kalte Kellerräume in Frage, die durchweg mit einem Frostwächter (einem elektrischen Heizungsregler, der verhindert, daß die Temperaturen unter den Mindestwert von etwa 5 °C sinken) gegen Frost geschützt werden sollten. Außerdem muß sichergestellt sein, daß Nager (wie zum Beispiel Ratten und Mäuse) die schlafenden Tiere nicht erreichen können, da sie diese sonst an- oder gar auffressen würden. Die Raumtemperatur sollte – je nach Art – etwa bei 5 bis maximal 16 °C liegen.

Über den Terrarien wird ein kleinerer Wärmestrahler installiert, der jeden Tag etwa vier Stunden brennt und den Tieren eine lokale Möglichkeit zum Aufwärmen gibt. Er darf aber nicht den Bodengrund aufheizen und sollte auch die Lufttemperatur im Terrarium nur geringfügig erhöhen. Die Einrichtung des Überwinterungsbehälters besteht aus einer mindestens 30 cm hohen Bodenschicht, zum Beispiel einem Sand-Torf-Laub-Gemisch mit einigen schräg eingesetzten Steinplatten.

Eine geringfügige Substratfeuchte muß während der ganzen Zeit gewährleistet sein und sollte durch regelmäßige Kontrollen garantiert werden. Die Bodenschicht wird teilweise mit trockenem Laub und flachen Steinplatten abgedeckt. Sehr wichtig ist auch ein Wasserschälchen mit stets frischem Trinkwasser. Zahlreiche Terrarientiere unterbrechen ihre Winterruhe für kurze Zeitabschnitte (ein bis drei Tage) und halten sich während dieser Zeit an der Oberfläche auf. Sie verschwinden aber nach einigen Tagen meist wieder von allein. Sollten sie sich jedoch nicht mehr selbständig verbergen, so muß der Winterschlaf behutsam abgebrochen werden.

Etwas ausführlicher wollen wir hier die Überwinterung der europäischen Landschildkröten erörtern: Während man bei ganz jungen Tieren darauf verzichten sollte, da diese nicht immer über ausreichende Nahrungsreserven verfügen, ist sie für ältere Schildkröten – etwa ab dem dritten Lebensjahr – eher gesundheitserhaltend und später (im fortpflanzungsfähigen Alter) sogar unerläßlich, denn erst die Keimruhe während der Überwinterung sorgt dafür, daß Samen und Eier im Frühjahr befruchtungsfähig sind. Ohne Winterruhe dürfte es wohl lediglich in Ausnahmefällen – und auch nur bei einigen Formen von *Testudo graeca* – zu einer erfolgreichen Fortpflanzung kommen.

Nur bei ganz jungen europäischen Landschildkröten sollte man auf eine Winterruhe verzichten.

Am einfachsten, aber unter Umständen auch besonders riskant ist die Überwinterung im Garten. Hier vergraben sich die Landschildkröten im Spätherbst, um erst im Frühjahr wieder aufzutauchen. Wesentlich sicherer gestaltet sich die Überwinterung in einem kalten, dunklen Raum. Wichtig ist jedoch, daß die Temperatur dort nicht unter 1 °C sinkt und möglichst nicht über 10 °C steigt. Als ideal haben sich Werte etwa zwischen 5 und 8 °C erwiesen, da dann der Stoffwechsel immer noch so stark eingeschränkt ist, daß die Reserven nicht übermäßig angegriffen werden. Steigen die Temperaturen während eines längeren Zeitraums auf 12 °C und mehr an, so können die Landschildkröten erwachen und an die Oberfläche kriechen.

Die Überwinterung an sich erfolgt in einer möglichst großzügig bemessenen Kiste von beispielsweise 60 cm × 60 cm Grundfläche (bei einer Mindesthöhe von 50 cm). Diese sollte frei im Raum, aber etwas erhöht auf Füßen stehen, damit der Frost nicht durch die Wand oder den Boden doch noch in die Kiste gelangen kann. Da die Schildkröten weiterhin atmen, darf der Behälter nicht luftdicht verschlossen sein. Geeignet sind Kisten aus Holz, aber auch aus anderen Materialien; allerdings müssen sie dann an den Seiten Lüftungsflächen aufweisen. Der Deckel kann einfach mit feiner Gaze bespannt werden oder sollte ebenfalls Lüftungsschlitze aufweisen. In diese Kiste füllt man nun eine mindestens 30 cm, besser jedoch 50 cm hohe Schicht aus einem leicht feuchten Laub-Torfmoos-Gemisch; in Frage kommen aber auch andere Materialien. Lediglich auf fein staubende Substrate wie Torf sollte man verzichten, da sie, wenn sie einmal in die Atemwege gelangen, dort Erkrankungen verursachen können. Das Ganze deckt man mit einer etwa 10 cm hohen Schicht aus Laub, Stroh und/oder Heu ab.

Etwa im Spätherbst fängt man die Landschildkröten aus der Freilandanlage heraus und badet sie in einer flachen, mit handwarmem Wasser gefüllten Schüssel. Die Tiere trinken sehr viel und entleeren bei dieser Gelegenheit auch ihren Darm. Zum Einwintern werden sie einfach in die Überwinterungskiste gesetzt, die bereits in einem kühlen Raum steht. In der Regel vergraben sich die Tiere sofort. Sollte sich eine Landschildkröte einmal nicht einwühlen, also trotz kühler Temperaturen nach einer Woche noch immer an der Oberfläche sitzen, so wird man das Tier den Winter über besser in einem schwach beheizten Zimmerterrarium pflegen.

In die Überwinterungskiste legt man noch ein Thermometer, mit dem man besonders an kritischen, sprich sehr kalten Tagen, die Temperatur überprüft. Ferner muß man etwa alle vier Wochen das Substrat auf ausreichende Feuchtigkeit kontrollieren. Die Dauer der Winterruhe sollte vier bis sechs Monate betragen. Wasser- und Sumpfschildkröten verbergen sich oftmals in der Schlamm- und Schlickschicht des Gewässerbodens, oder sie vergraben sich einfach im lockeren Erdreich der Uferregion. Nur wenige aus den nördlichen Verbreitungsgebieten stammende oder sehr robuste Arten wie die Rotwangen-Schmuckschildkröte (*Trachemys scripta elegans*) können während des Winters im Gartenteich belassen werden – vorausgesetzt, daß er eine Tiefe von mehr als einem Meter aufweist. Da man aber oft nicht weiß, woher die Schildkröten stammen, empfiehlt sich eine kontrollierte Überwinterung in einem Wasserbecken im Haus. Hierfür kommen große Aquarien, aber auch einfache Plastikbehälter wie Betonmischwannen (aus dem Baumarkt) und ähnliche in Frage. Besonders geeignet sind undurchsichtige Behälter, da sich die Tiere dann durch die regelmäßigen Kontrollen nicht gestört fühlen. Die ideale Größe besitzen zum Beispiel Aquarien mit einem Volumen von 500 l, die man etwa 30 cm hoch mit Wasser füllt. Wichtig ist ein jederzeit leicht zu erreichender Landteil. Auch diese Behälter müssen zum Schutz vor Nagern sorgfältig mit grobem Draht verschlossen werden.

Das Terrarium

Der Standort des Terrariums

Wenn der Entschluß gefaßt ist, einen Behälter zur Pflege von Terrarientieren anzuschaffen, muß man sich als erstes Gedanken zum Aufstellplatz machen. Dieses immer wieder auftauchende Problem sollte nicht vernachlässigt werden, da es ganz entscheidenden Einfluß auf das Terrarienklima hat. Nur in den seltensten Fällen wird man seine Becken in einem exakt ausgerichteten Klimaraum aufstellen können.

Der wichtigste Faktor ist die Temperatur. Können die Sonnenstrahlen ein Terrarium mit ihrer ganzen Kraft erreichen, so steigen die Werte sehr schnell auf ein für Reptilien nicht mehr erträgliches Niveau. Bei sehr kleinen Behältern – zum Beispiel Aufzuchtterrarien – reichen mitunter schon wenige Minuten selbst einer nur mäßigen Sonneneinstrahlung, um die Wärme über die maximal erträglichen Werte steigen zu lassen.

Der häufig in der Literatur zu lesende Hinweis, daß der Standort eines Terrariums so zu wählen sei, daß eine gewisse direkte Sonneneinstrahlung möglich ist, bezieht sich wohl ausschließlich auf Gazebehälter, in denen es niemals zu einem Hitzestau kommen kann. Ferner muß man bedenken, daß die Sonneneinstrahlung winters in einem wesentlich schrägeren Einfallswinkel erfolgt, so daß die Sonne in der Lage ist, auch Behälter zu erreichen, die vorher außerhalb ihres Einstrahlungsbereiches lagen.

Je größer ein Terrarium ist und je besser es belüftet wird, desto geringer ist die Gefahr der Überhitzung.

Auch bei den Tieren gibt es erhebliche individuelle Unterschiede: während es einigen nordamerikanischen Stachelleguanen der Gattung *Sceloporus* scheinbar gar nicht warm genug werden kann (sie fühlen sich teilweise erst bei 45 °C richtig wohl), ist für andere Arten dann das lebensbedrohliche Maximum bereits lange überschritten. Viele nordamerikanische Salamanderarten lassen sich nur in einem stets kühlen Keller pflegen.

Hohe Temperaturen vertragen vor allem die Tiere aus trockenen Gebieten – selbst einige Hochlandformen, die dann aber eine starke Nachtabsenkung benötigen. Ganz anders verhält es sich mit den meisten echten Regenwaldbewohnern, die immer bei etwas erhöhter Zimmertemperatur gepflegt werden müssen, und mit zahlreichen Vertretern der Amphibienfauna aus den Gemäßigten Breiten.

Um diesem Problem vorzubeugen und das Terrarienklima selbst bestimmen zu können, empfiehlt sich als Aufstellplatz ein Nordzimmer oder ein gut isolierter Kellerraum. Es ist immer erheblich leichter, die Temperaturen im Terrarium zu erhöhen als sie künstlich zu senken. Pflegt man Arten aus den gemäßigten Breiten im Keller, so braucht man zur Einleitung der Winterruhe meistens nur die Heizung abzustellen und die Beleuchtungsdauer zu reduzieren.

Wichtig ist natürlich auch, daß die Temperaturen – je nach gepflegter Art und imitierter Jahreszeit unterschiedlich – nicht zu stark absinken. Die größte Gefahr geht dabei von Gewächshäusern und Wintergärten aus, aber auch in einem schlecht isolierten Keller können die Werte schon einmal die Frostgrenze unterschreiten. Hier muß man Vorsorge tragen, indem man dort von einem elektronischen Temperaturfühler gesteuerte Heizungen installiert, die ein allzu starkes Absinken der Raumwärme verhindern.

In jedem Fall sollte die Behältertemperatur schon vor dem Besetzen des Beckens mit Tieren über einen längeren Zeitraum hinweg gemessen werden.

Selbstbau oder Kauf

Die Anschaffung eines Terrariums stellt heute kein Problem mehr dar, hat doch der Handel bereits eine riesige Palette von verschiedenen Terrarientypen im Angebot. Aber nicht jedes Maß – und schon gar nicht besondere Vorrichtungen wie größere Lüftungsflächen oder Wasserteile – sind dort erhältlich. Auf diese Lücke haben sich zahlreiche Firmen spezialisiert, die jedes Terrarium nach Maß auf Wunsch anfertigen. Entsprechende Adressen findet man in den einschlägigen Fachzeitschriften (wie zum Beispiel DATZ, Elaphe, Herpetofauna, Reptilia und anderen).

Leider sind diese Behälter oft nicht gerade preiswert, und um unsere eigenen Vorstellungen besser zu verwirklichen und den teilweise ganz spezifischen Ansprüchen unserer Pfleglinge wirklich gerecht werden zu können, bleibt uns häufig keine Alternative zum Selbstbau übrig. Voraussetzung dafür ist aber, daß man über das nötige handwerkliche Geschick verfügt.

Der am besten geeignete Beckentyp für kleine und mittlere Arten ist das silikongeklebte Glasterrarium, da es leicht zu bauen, zu reinigen und zu desinfizieren ist. Für große Arten müssen die Behälter eine wesentlich höhere Stabilität aufweisen, damit die Tiere sie beim Laufen, Klettern und Springen nicht beschädigen können. Das wäre nur noch durch eine enorme Glasstärke sicherzustellen. Es empfiehlt sich daher, einen stabilen Rahmen zu konstruieren, in den dann die Scheiben eingesetzt werden oder das Becken gar aus Stein zu mauern.

Bauanleitungen finden sich auch in der einschlägigen Fachliteratur: man vergleiche dazu etwa Henkel & Schmidt (1997).

Für wirkliche Großterrarien eignen sich eigentlich nur noch fest gemauerte Konstruktionen, die man am besten von einem Fachmann ausführen und nach Wunsch verputzen lassen sollte. Da das Mauerwerk meistens Feuchtigkeit aufnimmt, sollte die Bodenwanne mit einer Folie ausgelegt oder einfach gefliest werden.

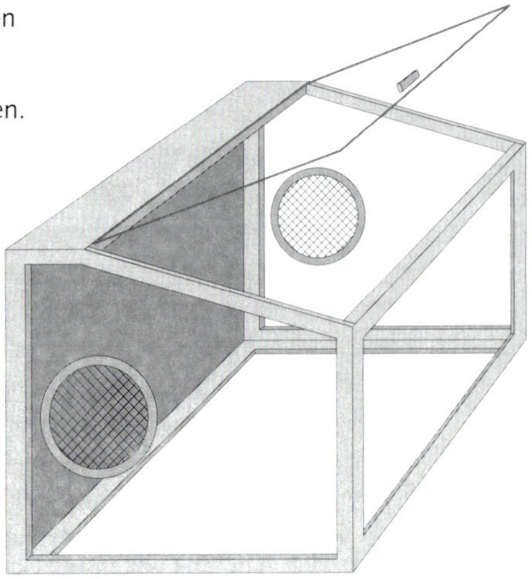

Geklebte Glasterrarien mit schräger Frontscheibe lassen sich leicht selbst anfertigen.

Was bei der Planung eines Terrariums weiterhin zu bedenken ist

Als nächstes beginnt das Nachdenken über die verschiedenen Möglichkeiten, Tiere im Terrarium artgerecht zu pflegen. Dabei sollte man immer von ihren konkreten Bedürfnissen ausgehen; das betrifft insbesondere die Terrariengröße, den Nahrungsbedarf und nicht zuletzt auch den Zeitaufwand, der für eine sachgemäße Haltung erforderlich ist. So ist ein hübsches kleines Jungtier schnell gekauft, ohne daß man allzuviele Gedanken an die Vorstellung verschwendet, daß daraus einmal ein großer, stattlicher Terrarienbewohner werden könnte.

Daher lautet die wichtigste Frage im Zusammenhang mit der tiergerechten Haltung: Wie groß muß das Terrarium für eine bestimmte Art mindestens sein?

Sie läßt sich nicht pauschal beantworten, da hier verschiedene Faktoren zum Tragen kommen, beispielsweise das Format und die Einrichtung. So ist für kletternde oder baumbewohnende Arten die Größe der Bodenfläche im Gegensatz zur Höhe des Terrariums eher zweitrangig, da sich etwa auf Bäumen lebende Vogelspinnen hauptsächlich an den Seitenflächen beziehungsweise an der Rückwand oder auf den Einrichtungsgegenständen aufhalten. Zum Erdboden steigen sie höchstens bei der Jagd hinab. Andererseits ist für eine bodenbewohnende Spezies die Behälterhöhe weitgehend belanglos. Busch- und teilweise auch Bodenbewohner benötigen ganz allgemein ein möglichst großes Terrarienvolumen.

Bei der Wahl der Terrariengröße wird man sich, sobald das geeignete Format feststeht, von folgenden Überlegungen leiten lassen:

Die Größe des adulten Terrarientieres: Es sollte in der Lage sein, sein typisches Bewegungsverhalten zu zeigen, wozu etwa Sprünge und kurze Sprints bei der Jagd gehören können.

Gerade im letztgenannten Fall entfalten einige Arten – zum Beispiel bei der Verfolgung ihrer Beute oder wenn sie erschreckt werden – häufig einen derart ungestümen Bewegungsdrang, daß sie blindlings mit dem Kopf gegen die Scheibe stoßen. Beobachten wir dieses Verhalten bei unseren Tieren, so sollten wir erst einmal versuchen, allen unnötigen Kollisionen durch das Bereitstellen mehrerer Versteckmöglichkeiten sowie das Verkleiden der Scheiben vorzubeugen. Kommt es trotzdem weiterhin zu solchen Unfällen, so benötigen unsere Pfleglinge unbedingt ein größeres Terrarium! Kleinere Schlangenarten beanspruchen beispielsweise eine Behälterlänge von mindestens 150 Prozent ihres Gesamtmaßes.

Das Temperament der Tiere: Dieses fällt von Art zu Art sehr verschieden aus. Auch hier hilft häufig nur die eigene Beobachtungsgabe weiter. Lebhafte Spezies benötigen in der Regel wesentlich größere Terrarien als vergleichsweise ruhige.

Die Anzahl der Tiere: Hierbei ist unbedingt zu bedenken, daß mehrere Tiere einer Art einander erheblich mehr stören als Angehörige verschiedener Spezies. Auch darf man niemals vergessen, daß zahlreiche Terrarienbewohner ihre Mitbewohner – vor allem, wenn diese (unter Umständen nur unwesentlich) kleiner sind – lediglich als willkommene Leckerbissen ansehen. Es kann daher meist nur eine Einzel- beziehungsweise paarweise Haltung empfohlen werden.

Das unterschiedliche Aggressionsverhalten: Auch dieses erfordert zum genauen Einschätzen der Verträglichkeit eine gute Beobachtungsgabe. Die wichtigste Verhaltensäußerung ist dabei das sogenannte Revier- oder Territorialverhalten. Zahlreiche Arten dulden in ihrem Einflußbereich, teilweise auch in ihrem engeren Aktionsraum, keine weiteren Exemplare der gleichen oder ähnlicher Art(en). Je nach dem konkreten Aggressivitätsgrad kommt es zur Revierbildung oder auch nicht. Selbst wenn das Terrarium kleiner ist als die Mindestgröße eines Territoriums, kann sich eine gewisse Hierarchie herausbilden.

Eher verträgliche Arten bilden im Terrarium keine Reviere mehr und dulden dann auch andere Tiere in ihrer Nähe. Das liegt zum einen an der Gewöhnung, aber sicher auch an dem immer ausreichend vorhandenen Futter. Andere Spezies zeichnen sich durch eine eingeschränkte Hierarchie aus. Häufig sind dies Arten, deren Angehörige auch in der Natur gruppenweise oder zumindest in hohen Populationsstärken auftreten. Will man in einem großen Becken eine entsprechende Anzahl von Individuen einer solchen Spezies pflegen, so fängt man mit der gemeinsamen Aufzucht einiger Tiere an und versucht so, eine harmonierende Gruppe zusammenzustellen. Gerade hier müssen auch für unterlegene Tiere die wichtigsten Aufenthaltsorte in ausreichender Zahl vorhanden sein. Dazu

Die Wahl der Terrariengröße muß unter anderem von der Größe, dem Temperament, der Anzahl und dem Aggressionsverhalten der zu pflegenden Tiere abhängig gemacht werden.

gehören gute Sonnenplätze sowie kühle, geschützte Verstecke, aber auch Stellen, an denen die Tiere ungestört und unbeobachtet ihre Nahrung aufnehmen können.

Ganz entscheidender Einfluß auf die Anzahl der in einem Terrarium gepflegten Tiere kommt der Einrichtung zu. So kann man durch Aufrechtstellen einiger dicker Äste den Aktionsraum für zahlreiche Echsen erheblich vergrößern und durch eine geschickte Einteilung des Raumes mehrere Reviere schaffen, die natürlich alle ihre eigenen Wärmequellen und kühlen Verstecke besitzen müssen.

Terrarientypen

Die Vorstellung der Terrarientypen ist bei einem so umfassenden Buch wie diesem sicher ein sehr schwieriges Thema. In »Bertelsmanns Volkslexikon« wird das Terrarium als Glasbehälter zur Haltung von Kleintieren definiert, doch versteht man darunter allgemein jedweden Behälter zur Pflege von Wirbellosen (soweit es sich nicht um Aquarienbewohner handelt), Amphibien und Reptilien. Daher behandeln wir hier auch das Aquarium zur Pflege von Krallenfröschen oder Wasserschildkröten. Sinnvolle Einteilungen in unterschiedliche Terrarientypen gibt es sicher sehr viele. Da wäre erst einmal die Differenzierung nach dem Klima in die Behältervarianten »beheiztes« und »unbeheiztes Feucht-« oder »Trockenterrarium». Doch wäre diese Einteilung wenig hilfreich und unvollständig, wenn beispielsweise das Aquarium oder die Insektendose fehlten. Im folgenden wollen wir einige Grundtypen von Terrarien beschreiben, in denen jeweils die unterschiedlichsten Tiere gepflegt werden können. Dabei haben wir versucht, neben dem Kriterium »Klima« auch weitere, wie etwa »Bauart« (sprich Stabilität), »Lebensraum« und »Lebensweise« zu berücksichtigen. Aufgrund des teilweise enormen Spezialisierungsgrades der verschiedenen Arten können die hier vorgestellten Modelle nur eine Auswahl sein und nicht alle Bedürfnisse befriedigen. Hier bleibt jedem Terraria-

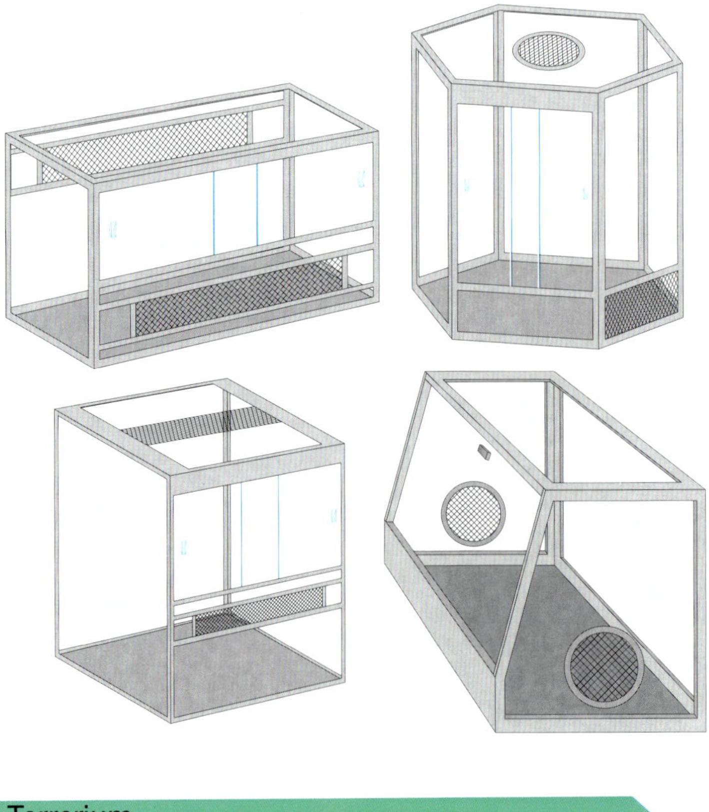

Geklebte Glasterrarien eignen sich aufgrund ihrer Vielseitigkeit als Grundlage vieler verschiedener Terrarientypen.

ner nichts weiter übrig, als sich selbst an der Optimierung der Haltungsbedingungen zu versuchen.

Das Aquarium

Ein reines Aquarium findet in der Terraristik nur selten Anwendung, da es sich nur zur Pflege von Arten eignet, die vollständig an das Leben im Wasser angepaßt sind und keinen Landteil benötigen. Das gilt vor allem für die Larven zahlreicher Frosch- und Schwanzlurche, aber auch für die Adulti einiger Amphibienarten, beispielsweise manche Salamander, den Axolotl (*Ambystoma mexicanum*), die Wabenkröten (*Pipa* spp.) und die Krallenfrösche (*Xenopus* spp. und *Hymenochirus* spp.). Aquarien der unterschiedlichsten Bauweisen und Maße sind im Zoofachhandel erhältlich, und auch der Selbstbau gestaltet sich hier vergleichsweise problemlos, da aufwendige Klebearbeiten entfallen, wie sie etwa für die Lüftungsflächen erforderlich sind.

Bei der Auswahl sollte man sich tunlichst für ein eher breites als hohes Modell entscheiden, da nur eine möglichst große Oberfläche den notwendigen Gasaustausch gewährleistet. Nicht vergessen darf man, daß wegen des hohen Gewichtes immer ein stabiler Unterbau vorhanden sein muß. Über das Betreiben, die Einrichtung und die Wartung eines solchen Behälters brauchen wir uns an dieser Stelle wohl nicht allzu ausführlich auszulassen, da kaum Unterschiede gegenüber der Unterhaltung eines Fischaquariums bestehen.

Die Beleuchtung erfolgt am günstigsten mittels Leuchtstoffröhren, die Regelung der Wassertemperatur mit einem VDE-geprüften Heizregler. Hierbei ist jedoch unbedingt darauf zu achten, daß dieser so angebracht ist, daß sich die Tiere keine Verbrennungen (Verbrühungen) zuziehen können. Die Reinigung des Wasser erfolgt mit einem Kreiselpumpenfilter, dessen Leistung ausreicht, das Volumen des Beckens mehrmals pro Stunde umzuwälzen.

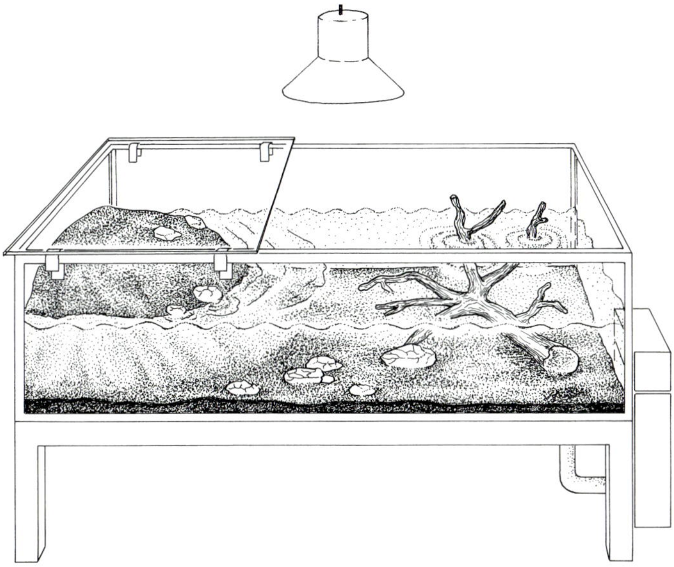

Ein Aquaterrarium, das als Behälter für Wasserschildkröten eingerichtet ist.

Trotzdem sollte einmal in der Woche ein Teilwasserwechsel (etwa 30–50 Prozent der Wassermenge) erfolgen. Als Bodengrund verwendet man am besten den üblichen Aquarienkies, der ebenso wie einige robuste Wasserpflanzen – beispielsweise die große Amazonasschwertpflanze oder die verschiedenen Arten der Sumpfschraube (*Vallisneria* spp.) – im Aquarienfachhandel erhältlich ist. Verstecke schafft man am einfachsten durch das Einbringen von Moorkienholzwurzeln. Alle hier erwähnten Gegenstände sind in jedem guten Zoofachgeschäft erhältlich.

Das Aquaterrarium

Beim Aquaterrarium handelt es sich um ein Aquarium, das mit einem mehr oder weniger großen Landteil versehen ist. Dieser Behältertyp eignet sich zur Pflege der unterschiedlichsten Amphibien- und Reptilienarten und ist daher in zahlreichen Varianten verbreitet. So unterscheidet man zum Beispiel das ungeheizte Aquaterrarium, das sich zur Pflege zahlreicher Molch- und Salamanderarten eignet, von den beheizten Aquaterrarien. Letztere finden wohl am häufigsten bei der Pflege von kleinbleibenden Krokodilen, Wasserschildkröten und -schlangen Verwendung.

Um Verbrennungen bei den Tieren zu vermeiden, sind Lampen mit hoher Wärmeabstrahlung in geeignetem Abstand anzubringen.

Es eignen sich nur größere beziehungsweise riesige Glasterrarien, in die ein Landteil eingesetzt oder sorgfältig eingeklebt wird. Oft ist es besser, andere einfache und zweckmäßige Behälter, wie große Plastikwannen, Fertigteiche und ähnliches zu verwenden, da die Tiere häufig ein enormes Bewegungsbedürfnis haben. Will man noch größere typische Bewohner eines Aquaterrariums pflegen, wie zum Beispiel Krokodile, verschiedene Riesenschlangen (etwa Anakondas der Gattung *Eunectes*) oder sehr große Wasserschildkrötenarten, so sollten Wasser- und Landteil immer fest gemauert sein, ähnlich wie entsprechende Behälter in Zoos. Aber nicht alle Bewohner eines Aquaterrariums stellen derartige Raumansprüche: Viele Amphibienarten, aber auch Wassernattern und einige Echsenarten (zum Beispiel *Anolis oxylophus*, der Wasser-*Anolis*) können in recht bescheiden dimensionierten Behältern gepflegt werden.

Der Landteil muß von den Tieren leicht bestiegen werden können. Er sollte daher immer leicht schräg ins Wasser hineinreichen und darf keine glatten Flächen aufweisen. Bildet eine Glasscheibe den Einstieg, so muß sie mit Kork oder anderen rauhen Materialien beklebt werden. Für nahezu rein aquatisch lebende Arten (wie zahlreiche Wasserschildkröten) reicht es auch, wenn man den Landteil einfach aus einer größeren Plastikwanne (zum Beispiel einem Balkonblumenkasten) bildet, die einfach ins Aquarium gehängt oder gestellt wird. Die Schildkröten nutzen den Behälter ohnehin nur zur Eiablage oder als Sonnenplatz.

Wichtig ist auch die Abdeckung des Aquaterrariums, vor allem bei Arten, die gut klettern können. Schlangen sind bekanntlich häufig unterschätzte Ausbruchskünstler.

Beleuchtet werden sollte der Behälter, natürlich entsprechend seiner Größe, mit mindestens zwei Strahlern (möglichst HQL oder HQI). Einer der Strahler dient zur allgemeinen Beleuchtung, während der andere als Spotlight für einen Sonnplatz auf dem Landteil sorgt. Bei stark wärmeabstrahlenden Lampen ist unbedingt auf den nötigen Abstand zu achten, um Verbrennungen zu vermeiden. Gehen die Tiere schon häufiger an Land, so sollte der Landteil größer sein und am besten fest eingesetzt werden. Wichtig sind dann auch die erforderlichen Versteck- und Aktivitätsräume.

Als Einrichtung für den Wasserteil gilt dasselbe, was schon im Zusammenhang mit dem Aquarium gesagt wurde. Nur sollte der Filter – da die Schildkröten und ähnliche meist auch große Mengen an Kot im Wasser absetzen – eine möglichst noch größere Leistungsfähigkeit aufweisen. Zusätzlich ist es von enormem Vorteil, wenn der Wasserteil mit einem eigenen Abfluß ausgestattet ist und somit leichter geleert und gereinigt werden kann.

Das Feuchtterrarium

Auch für diesen grundlegenden Behältertyp gilt wieder die Einteilung in geheizte und ungeheizte Varianten. Ungeheizte Feuchtterrarien dienen in erster Linie der Pflege einheimischer Amphibien und weiterer Arten aus anderen gemäßigten Klimaten. Sie können denkbar einfach eingerichtet sein: Eine Bodenschicht aus stets leicht feuchter Wald- oder Gartenerde, darauf eine Laubschicht und einige Steinplatten beziehungsweise Rindenstücke als Versteckplätze sowie ein größerer Wasserteil, eine dekorative alte Wurzel und einige einheimische Pflanzen reichen völlig aus.

Wesentlich weiterer Verbreitung erfreut sich da schon das beheizte Feuchtterrarium, das in zahllosen Varianten im Einsatz ist. Es handelt sich dabei oftmals um einen kleineren Behälter, in dem ein Stück Regenwald nachempfunden worden ist. Da die Tiere eine hohe relative Luftfeuchtigkeit benötigen, sollten die Lüftungsflächen möglichst klein gewählt sein. Die Rück- und Seitenwände können mit dünnen Korkplatten verkleidet werden. Der

Aufbau des Bodenteils ist schon komplizierter: Wichtig ist vor allem, daß eine gewisse Drainageschicht vorhanden ist. Die gesamte Bodenfläche kann mit einer Laubschicht, einzelnen Steinplatten und Moospolstern abgedeckt werden. Die weitere Einrichtung bilden dann schöne Wurzeln und größere Kletteräste sowie eine üppige Bepflanzung.

Großterrarium für Regenwaldbewohner

Dieser Terrarientyp eignet sich besonders zur Pflege der großen regen- beziehungsweise feuchtwaldbewohnenden Terrarientiere (zum Beispiel des Grünen Leguans, *Iguana iguana*), die fast alle auch gern auf Bäume klettern beziehungsweise dort leben. Da es sich um recht große Pfleglinge handelt, müssen die Behälter – auch in der Höhe – entsprechende Ausmaße aufweisen. Dazu kommt noch die dringend erforderliche Stabilität, nicht nur aufgrund der Terrariengröße, sondern auch wegen des Gewichts und der Kraft dieser Tiere. Es empfiehlt sich deshalb, den Behälter immer mit einem festen und stabilen Rahmen aus Holz oder Metall zu versehen. In diese Rahmenkonstruktion kann man dann zum Beispiel die einzelnen Glasscheiben kleben. Besser wäre in diesem Falle jedoch ein fest gemauerter Behälter.

Sehr wichtig für die artgerechte Haltung vieler Spezies ist auch ein großer Wasserteil. Riesenschlangen, aber auch Warane und ähnliche lieben es geradezu, einen großen Teil des Tages im Wasser verborgen zuzubringen. Je nach Größe und Gewicht – einige hundert Liter Wasser belasten nicht nur das Terrarium, sondern auch die Decken sehr – sollte der Wasserteil immer fest auf dem Boden installiert und mit einem Abfluß versehen werden, der eine leichte Reinigung ermöglicht.

Belüftet wird das Terrarium durch zwei in der Seite beziehungsweise im Deckel liegende Gazeflächen. Die Einrichtung kann denkbar einfach gestaltet sein, da aufgrund des enormen Körpergewichtes der Insassen jede Pflanze sofort zerdrückt würde und viele Arten die Vegetation lediglich als zusätzliche Kost betrachten. Zum Klettern, Laufen und Schlafen müssen zahlreiche stabile Äste gut gesichert im Terrarium angebracht werden. Der Bodengrund braucht nur wenige Zentimeter hoch sein. Lediglich zur Eiablage muß für eine ausreichende Substrathöhe gesorgt werden.

Wem ein derartiges Terrarium zu karg aussieht, der kann versuchen, an von den Tieren nicht so leicht erreichbaren Stellen einige möglichst robuste (oder nicht sehr schmackhafte) Pflanzen anzubringen.

Das Standard-Regenwaldterrarium

Dieses Becken eignet sich vor allem zur Pflege von auf dem Boden und im niederen Gebüsch der Regenwälder lebenden, kleinbleibenden Echsen- und Schlangenarten. Aber auch Baumkronenbewohner können hierin gepflegt werden – nur müssen dann die Proportionen des Behälters zugunsten der Höhe verändert werden.

Am besten geeignet sind silikongeklebte Glasbecken, die eine kleine Lüftungsfläche unter der Frontscheibe und eine große im Deckel aufweisen, da auch diese Arten sehr empfindlich auf Staunässe oder Stickluft reagieren.

Als Bodengrund verwendet man eine wenige Zentimeter hohe Sand-Torf-Schicht, in der die Weibchen ihre Eier

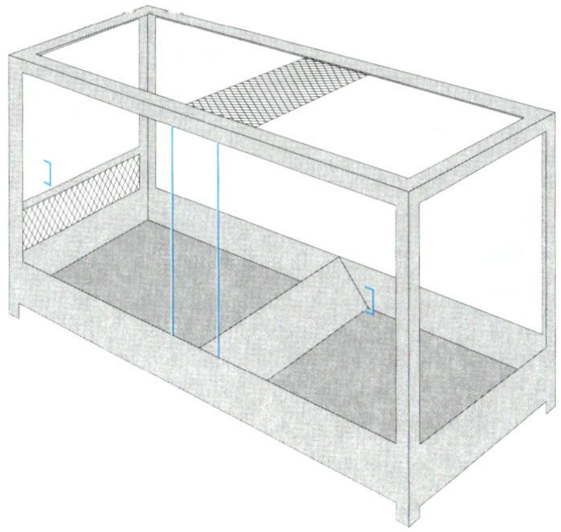

Metallrahmenterrarien eignen sich auch zur Pflege großer und kräftiger Tiere.

vergraben können. Wegen des geringen Eigengewichts der Pfleglinge kann dieses Terrarium sehr aufwendig bepflanzt werden und sogar als Schaubecken im Wohnzimmer dienen. Zahlreiche bepflanzte und unbepflanzte Kletteräste sowie einige hochkant gestellte Steinplatten oder größere Rindenstücke vervollständigen die Einrichtung. Optisch sehr schön ist auch ein kleiner Wasserlauf oder -fall.

Verschiedene Terrarien zur Pflege tropischer Frösche

Bei der Pflege der meisten Froscharten muß man bedenken, daß sich die Tiere in der Regel springend fortbewegen und – gerade, wenn sie sich bedroht oder erschreckt fühlen – zu ungestümen und ziellosen Sätzen neigen. Dabei ist das Sprungvermögen zahlreicher Arten ganz beachtlich.

Zur Pflege baumbewohnender Anuren, aber auch jener Arten, die eigentlich mehr den unteren Stammbereich und die Gestrüppzone bewohnen, eignen sich die unterschiedlichen silikongeklebten und möglichst voluminösen Glasterrarien. Das besondere Kennzeichen dieser Behälter ist ihre Höhe: Sie sollte immer so gewählt sein, daß neben der Bodenregion eine klar abgegrenzte höhere Ebene aus Pflanzen gebildet werden kann. Die Größe richtet sich nach der gepflegten Art. Der Bodengrund kann denkbar einfach gestaltet werden. Eine moosbewachsene und mit etwas trockenem Laub abgedeckte Korkplatte reicht völlig aus. Niemals darf ein größerer Wasserteil fehlen. Die weitere Einrichtung kann aus einer kleinen, kräftigen Wurzel oder ähnlichem bestehen. Die Rück- und Seitenwände werden mit dünnen Korkplatten beklebt, um den Fröschen als zusätzliche Kletterflächen zu dienen.

Terrarien für kletternde oder baumbewohnende Tiere müssen höher als breit sein und mit Ästen und Pflanzen ausgestattet werden, die von den Tieren genutzt werden können.

Etwa 20 bis 50 cm über dem Boden (je nach Terrarienhöhe) pflanzt man an den Seiten und auf der Wurzel eine Gruppe kleinbleibender Bromelien, die einen eigenen Lebensraum für die Frösche bilden. Einige kleine Farne und Rankpflanzen vervollständigen die Einrichtung. Wichtig, zumindest bei der Pflege zahlreicher Laubfroscharten, ist eine Beregnungsanlage, mit der man leicht die Regenzeit als Auslöser für das Fortpflanzungsverhalten imitieren kann.

Für die Bodenbewohner unter den Fröschen eignen sich abermals nur silikongeklebte Glasbehälter, die eine große Bodenfläche aufweisen. Auch bei diesem Typ werden die Rück- und Seitenwände mit dünnem Kork verkleidet. Der Aufbau des Bodenteils gestaltet sich schon komplizierter. Wichtig ist wieder ein geräumiger Wasserteil, dessen Boden mit Kies bedeckt wird. Ideal wäre hier ein schräg ansteigendes Ufer. Der Landteil wird nun zum Beispiel aus dicken Korkplatten gebildet, die terrassenförmig nach hinten ansteigen. Darauf gibt man einige Moosplatten und eine dekorative größere Wurzel. Die gesamte Bodenfläche wird dann mit einer hohen Laubschicht abgedeckt, die den Fröschen zahllose Verstecke bietet. Pflegt man in seinem Terrarium grabende Anuren, so muß in einer leicht kontrollierbaren Ecke eine höhere Bodenschicht eingebracht werden. Als Bepflanzung dienen einige größere Bromelien, die direkt in den Boden eingesetzt beziehungsweise auf die Wurzel gebunden werden. Zahlreiche kleinere Farne und Rankpflanzen runden auch hier die Einrichtung ab.

Diesen Terrarientyp kann man auch in ein Bachlaufterrarium verwandeln, wie es vor allem zur Pflege von Arten erforderlich ist, die zur Stimulation ihres Fortpflanzungsverhaltens bewegtes Wasser benötigen oder die nur in der Nähe von kleinen Fließgewässern im Regenwald leben. Dazu gehören beispielsweise die beliebten Raketenfrösche aus der Gattung *Colosthetus*. Den eigentlichen Unterschied gegenüber dem eben beschriebenen Regenwaldbodenterrarium bildet ein nachgebildeter Bachlauf, der sich in einen großen Wasserteil ergießt.

Die Terrariengröße richtet sich nach Art und Anzahl der darin gepflegten Tiere. Wichtig ist auch bei diesem Behältertyp eine große Bodenfläche. Die Rück- und Seitenwände sollten mit einem spritzwasserfesten Material, zum Beispiel Moltofill (für außen), dicht verkleidet werden. Der Landteil kann wieder aus dicken Korkplatten gebildet werden, die terrassenförmig vom Wasserteil her ansteigen. Der Bodengrund wird dann mit Moos und trockenem Laub abgedeckt. Eine dekorative Wurzel, zahlreiche Rankpflanzen und zwei bis drei größere Bromelien vervollständigen die Einrichtung.

Das Paludarium

Eine echte Besonderheit unter den Regenwaldterrarien stellt das Paludarium dar. Halb Aquarium, halb Terrarium, dient es oftmals als Prunkstück einer Terrariensammlung oder als kleiner »Urwald im Wohnzimmer«. Die Kombination von Tieren und Pflanzen kommt hier besonders gut zur Geltung. Während sich im Wasser bunte Fische tummeln, laufen und hüpfen auf dem Landteil und den Epiphytenästen kleine Echsen und Frösche, ja es kriechen sogar kleine Wassernattern umher.

In einem Paludarium läßt sich das Zusammenleben von Tieren und Pflanzen bei der Auswahl geeigneter Arten nahezu ideal verwirklichen.

Damit ein derartiges Terrarium richtig zur Geltung kommt, muß es schon eine gewisse Größe aufweisen. Die Mindestgröße sollte etwa 100 cm × 60 cm × 120 cm (Länge × Breite × Höhe) betragen, wobei der Wasserteil etwa ein bis zwei Drittel der Grundfläche bedecken und etwa 30 cm tief sein sollte. Die geringe Bodenfläche wird durch das enorme Volumen ausgeglichen. So kann man mit Hilfe einiger dicker, verschlungener Äste und einer üppigen Bepflanzung eine zweite oder gar dritte Ebene als Lebensraum selbst für bodenbewohnende Arten schaffen.

Die Rück- und Seitenwände werden wieder mit Korkplatten und anderen Materialien verkleidet und sinnvoll bepflanzt. Auf den Bodengrund gibt man dicke Äste und Wurzeln, die den Fröschen ein Erklettern der höheren Regionen ermöglichen, ferner einige Pflanzen, wie etwa Bromelien. Die freien Flächen werden mit Moos und Laub abgedeckt. Die Bepflanzung kann aufgrund des geringen Gewichtes der typischen Pfleglinge auch aus empfindlichen Arten gebildet werden. Optisch am schönsten wirken dicht mit Orchideen, Tillandsien, kleinen Bromelien und ähnlichen Gewächsen bepflanzte Epiphytenäste. Die Seiten sollten mit Rankpflanzen und kleinen Bromelien besetzt werden, um den Tieren als Kletterflächen zu dienen.

Bei der Auswahl der geeigneten Fischarten ist darauf zu achten, daß keine Barsche oder andere Räuber ins Becken eingesetzt werden. Auch sollte man nur sehr kleine, im Idealfall algenfressende Arten verwenden.

Das Trockenterrarium

Dieser Terrarientyp läßt sich nicht grundsätzlich in geheizte und ungeheizte Becken einteilen, denn die hierin gepflegten Reptilien benötigen entweder eine hohe Umgebungswärme oder einen Strahler, unter dem sie sich auf ihre Vorzugstemperatur aufheizen können. Die am besten geeignete Bauweise ist wieder das silikongeklebte Glasterrarium. Wichtig ist immer eine ausreichende Belüftung, da die Tiere eine hohe relative Luftfeuchtigkeit, Staunässe und Stickluft meist nicht vertragen.

Als Bodengrund verwendet man Lehm oder Sand beziehungsweise eine Mischung aus beidem, denn nur so erhält man eine feste Substratschicht, die das Anlegen von Gängen begünstigt. Da Tiere vieler Arten selbst keine Höhlen graben, sondern nur verlassene Nagerbauten bewohnen, muß man ihnen Entsprechendes gegebenenfalls anlegen. Es sollten aber auch einige nur mit Sand bedeckte Stellen vorhanden sein, an denen sich die Tiere leicht eingraben können. Auf den Boden legt man Steinplatten oder versteinerte Wurzelstücke. Die Bepflanzung hat nur dekorativen Charakter und kann daher nach ästhetischen Gesichtspunkten erfolgen. Geeignet sind verschiedene Sorten von Ziergräsern und besonders die teilweise sehr dekorativen Sukkulenten.

Gepflegt werden in diesen Terrarien die unterschiedlichsten kleinen bis mittelgroßen Echsen und Schlangen aus den gemäßigten Breiten und allen anderen Gebieten, die sich nicht im beziehungsweise am Wasser oder im immerfeuchten Regenwald befinden.

Das Trockenterrarium eignet sich für die Pflege vieler Echsen- und Schlangenarten.

Großterrarium für bodenbewohnende Großechsen und -schlangen

Ein derartiges Großterrarium ist häufig nur schwer zu realisieren, da aufgrund der Größe der Tiere und der benötigten Einrichtung teilweise nur gemauerte Becken in Frage kommen. Lediglich für mittelgroße Arten reichen auch Großterrarien mit festen Rahmen aus. Da es sich fast ausschließlich um Bodenbewohner handelt, muß das Terrarium immer eine entsprechende Grundfläche aufweisen. Dies kann gerade bei den beliebten Waranen oder einigen Großleguanen gewaltige Ausmaße erfordern. Zur Belüftung sollte möglichst der ganze Deckel aus fester und stabiler Metallgaze bestehen. Große Zimmerterrarien werden mit Hilfe von Ventilatoren be- beziehungsweise entlüftet.

Viele Arten graben sich richtige Wohnhöhlen, so daß bei ihnen eine wenigstens 40 bis 100 cm hohe Bodenschicht vorhanden sein muß. Im unteren Bereich sollte diese leicht feucht sein, da sich beispielsweise auch in der Wüste unter der trockenen Oberfläche oftmals feuchtere Schichten befinden. Was für ein Gewicht dieser Behältertyp erreicht, kann sich jedermann leicht selbst vorstellen. Die Einrichtung besteht aus einigen unverrückbar eingebauten Steinen oder Kunstfelsen sowie zahlreichen dicken, sicher verankerten Kletterästen. Auch hier kann auf eine Bepflanzung verzichtet werden, da viele Arten die Vegetation nur als Nahrung betrachten. Ein kleiner, leicht zu reinigender Wasserteil sollte möglichst immer vorhanden sein.

Felsterrarium

Dieser Terrarientyp eignet sich für zahlreiche felsbewohnende Echsen wie Geckos und ähnliche aus den Trockengebieten unserer Erde. Auch hier ist unbedingt wieder auf die nötige Stabilität zu achten, da Felsaufbauten in der Regel sehr schwer sind. Der Bodengrund kann einfach aus Sand bestehen. Einige Rankpflanzen oder Sukkulenten sowie einige dickere Kletteräste beziehungsweise eine vertrocknete Wurzel vervollständigen die Einrichtung.

Wüstenterrarium

Dieser Terrarientyp dient zur Haltung der zahlreichen Wüstenformen unter den kleinbleibenden bis mittelgroßen Echsen und Schlangen, insbesondere für die reinen Sandwüstenbewohner. Der Bodengrund sollte daher aus Sand mit eingestreuten Steinen bestehen. Auf die Oberfläche gibt man als Versteckplätze einige gegen Einsturz gesicherte Steinplatten. Vervollständigt wird die Einrichtung zum Beispiel durch eine Wurzel und eine eingetopfte Sukkulente. Für nicht kletternde Arten eignen sich auch oben offene Glasbecken. Bei einem geschlossenen Behälter muß immer für ausreichend große Lüftungsflächen im Deckel und in einer Seite gesorgt sein. Die relative Luftfeuchtigkeit darf nie über einen längeren Zeitraum sehr hoch sein, und sie sollte im Tagesverlauf stets deutlich zurückgehen.

Das Landschildkrötenterrarium

Nur die wenigsten Landschildkrötenarten lassen sich permanent in einer Freilandanlage pflegen. Alle anderen müssen ganzjährig oder zumindest überwiegend in einem Zimmerterrarium untergebracht werden.

Aufgrund der benötigten riesigen Grundfläche wird man wohl nur bei der Pflege der kleinen Arten silikongeklebte Glas- und stabilere Rahmenterrarien verwenden können. Für viele Arten, wie etwa *Geochelone pardalis*, *G. denticulata*, *G. sulcata*, eignen sich eigentlich nur fest gemauerte Behälter oder speziell für die Schildkrötenhaltung umgestaltete Zimmer, geheizte Gewächshäuser und Wintergärten.

Grundsätzlich sollte immer eine längliche Form gewählt werden, um den Tieren eine möglichst große Lauf-

Für die Landschildkrötenpflege haben sich oben offene Behälter bewährt, vorausgesetzt, die Tiere benötigen keine hohe Luftfeuchtigkeit.

fläche zu bieten. Die Höhe des Behälters spielt nur eine untergeordnete Rolle, doch sollte sie mindestens so beschaffen sein, daß die Landschildkröten die Seitenwände nicht mehr überklettern können. Bestens bewährt hat sich die rundum geschlossene und nur oben offene Bauweise, da sie eine ausreichende Frischluftzufuhr gewährleistet, keine Stickluft oder Staunässe zuläßt und auch einen Temperaturstau verhindert. Dabei ist darauf zu achten, daß kein kalter Luftzug ins Terrarium strömen kann.

Dieser Behältertyp kommt jedoch nicht in Frage, wenn die Tiere ein bestimmtes, insbesondere feuchtwarmes Klima brauchen. Derartige Verhältnisse weisen lediglich mit Aquarien gefüllte Räume zur Pflege von Wasserschildkröten und ähnliche auf.

Die Terrarien werden am besten von unten beheizt. Dafür wird unter einem Teil des Behälterbodens eine Heizplatte oder -matte montiert, die für nicht zu hohe Oberflächentemperaturen sorgt. Da nur ein Teil der Bodenfläche erwärmt wird, erhält man das gewünschte Temperaturgefälle, so daß die Landschildkröten sich den ihnen jeweils zusagenden Wärmebereich aussuchen können. Beleuchtet werden diese offenen Terrarien mit darüber aufgehängten Spezialstrahlern, wie sie auch in der Aquaristik gebräuchlich sind. Sie sind zwar nicht gerade preiswert, besitzen aber ein formschönes Aussehen, so daß sie sich auch in ein Wohnzimmer integrieren lassen.

Schwieriger ist da schon die Umgestaltung eines Raumes oder eines Zimmerteils zum Terrarium. Die Wärmeregulation sollte durch eine fachmännisch verlegte Fußbodenheizung erfolgen, die aber wieder nicht den ganzen Boden gleichmäßig erwärmen darf. Sehr wichtig ist auch eine gute Isolierung (besonders der nicht beheizten Teile), da sich die Landschildkröten auf kühlen Steinböden recht schnell erkälten können. Vor dem Besatz eines jeden Terrariums mit Tieren sollten die Temperaturen und auch die anderen Klimafaktoren sorgfältig überprüft und eventuell noch optimiert werden.

Bei der Einrichtung des Behälters beginnt man üblicherweise mit den Felsaufbauten oder mit dem Einbringen von Steinplatten, die jedoch immer direkt auf dem Terrarienboden ansetzen und in sich fest verankert werden müssen, so daß sie weder einstürzen noch untergraben werden können. Schwieriger ist es da schon, eine Spalten- oder Kletterlandschaft nachzugestalten, wie sie etwa die Spaltenschildkröte (*Malacochersus tornieri*) und die südafrikanischen Vertreter der Schildkrötengattung *Homopus* benötigen. Für diese Spezies müssen an Rück- und Seitenwänden Steinplatten in unterschiedlichen Abständen fest vermauert werden, so daß sie den Tieren Unterschlupfmöglichkeiten und Klettergelegenheiten bieten. Auch bei diesen Arten bleibt der größte Teil des Bodens als Lauffläche erhalten.

Für viele Landschildkröten eignet sich als Bodengrund am besten nicht zu feinkörniger Sand oder ein zumindest stark sandhaltiges Substrat. Im Terrarium versucht man, mit der Einrichtung einen »Laufparcours« zu gestalten: Hier stampft man die Erde sehr fest. Dafür füllt man den Bodengrund an anderen Stellen wiederum sehr locker ein, so daß sich die Tiere problemlos vergraben können. Für die verschiedenen aus Wald- und Feuchtlandschaften stammenden Arten verwendet man eine höhere Humusschicht (zum Beispiel aus Blumenerde oder ähnlichem) und deckt diese mit einer dicken Laub- oder Rindenmulchschicht zu. Weiterhin bringt man einige Versteck- und Unterschlupfplätze im Terrarium unter. Hält man mehrere Landschildkröten in einem Behälter, so sollten auch immer mehrere Sonnenplätze vorhanden sein. Ebenso darf nie ein Futterplatz fehlen, an dem die Tiere ihre Nahrung erhalten, sowie eine Wasserschale. Der Wasserteil darf nicht zu tief gewählt sein und muß sanft abfallende Ufer aufweisen.

Die Pflanzen dienen aus Sicht der Schildkröte nur als Nahrung. Daher läßt sich eine dekorative Bepflanzung nur recht schwer verwirklichen. Für Trokkenterrarien eignen sich die verschiedenen Sukkulenten, wobei man auf kostbare und giftige Arten verzichten sollte, da sie alle gelegentlich angeknabbert werden.

Der Gazebehälter

Nicht unerwähnt lassen wollen wir die sogenannten Gazeterrarien oder -behälter. Ihren Namen verdanken sie der Eigenschaft, daß sie – abgesehen von der Öffnungstür, dem Boden und der Rahmenkonstruktion – vollständig aus Metall- oder Kunstoffgaze bestehen. Da die Seiten- und Rückwände sowie der Deckel als zusätzliche Lüftungsflächen dienen, kann sich im Inneren keine Stickluft bilden.

Die Bauweise gestaltet sich denkbar einfach. Ein Rahmen aus Holz, Aluprofilen oder ähnlichem wird mit Gaze bespannt. Der Boden sollte indes aus einer (möglichst leicht zu reinigenden) festen Platte bestehen. Als Frontseite sollte – schon wegen der guten Einsicht – immer eine Glasscheibe dienen. Gebräuchlich sind derartige Behälter bei zahlreichen Gespenst- und Stabschrecken (Phasmiden), aber auch Chamäleons und Schmetterlingen (um nur die wichtigsten der möglichen Tierfamilien zu nennen, die darin – natürlich artabhängig – gepflegt werden können).

Das Standard-Insektarium

Ebenfalls in der Wirbellosenpflege gebräuchlich ist das Vollglas- oder Plastikaquarium. Wichtig ist auch hier eine (artabhängig) ausreichende Belüftung. So sollten der Deckel und eine Seitenwand möglichst großflächig mit Plastikgaze (keine Metallgaze verwenden) bespannt sein.

Für viele Arten kann man auch die Einrichtung denkbar einfach halten. Erforderlich sind nur eine auf die jeweilige Spezies zugeschnittene Substratschicht, einige Verstecke und – je nach Art – eine flache Wasserschale.

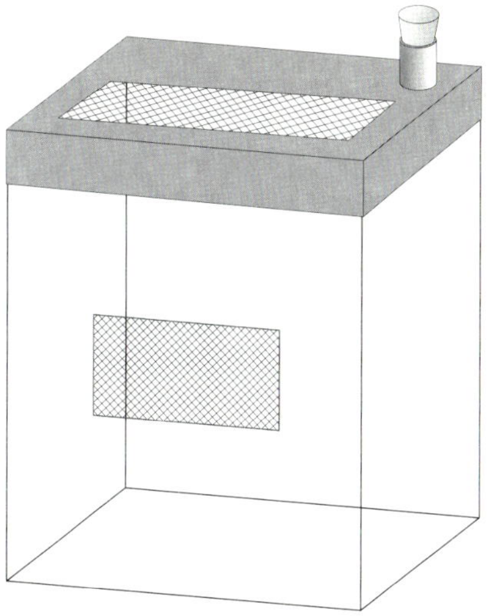

Kunststoffterrarien (hier mit Futteröffnung im Deckel) eignen sich besonders für die Pflege von Insekten.

Von diesem Terrarium sind zahllose Abwandlungen gebräuchlich, von denen wir nur das Käferterrarium erwähnen wollen. Dieser Behälter ist so konzipiert, daß der Bodenteil wie eine Schublade aus dem Terrarium gezogen werden kann, um jederzeit eine Kontrolle der Larven und/oder Puppen zu ermöglichen.

Das einfache Insekten-, Aufzucht- oder Behelfsterrarium

Neben den bereits vorgestellten Beckentypen gibt es noch eine ganze Reihe weiterer Behälter, die sich hervorragend zur Aufzucht oder als kurzfristige Behausungen von Amphibien, Reptilien und Gliederfüßern eignen. Besondere Erwähnung verdienen in diesem Zusammenhang die durchsichtigen Haushaltsplastikdosen, die in den unterschiedlichsten Größen erhältlich sind. Kleinere, flache Formate – wie zum Beispiel die handelsüblichen Grillenschachteln (10 cm × 10 cm × 5 cm; Länge × Tiefe × Höhe) – kommen für die Aufzucht innerartlich aggressiver (und daher einzeln zu pflegender) bodenbewohnender Insekten, Spinnen oder Hundertfüßer, aber auch zahlloser anderer Arten, wie kleiner Geckos und Chamäleons, in Frage. Größere Behälter

Kleinstterrarien aus Haushaltsplastikdosen und ähnlichen Materialien eignen sich besonders als Aufzucht- oder Quarantänebehälter.

können auch als Schlangenaufzucht- beziehungsweise Quarantänebecken dienen.

In solchen Kleinstterrarien kann man die Jungtiere leichter kontrollieren und bemerkt so rechtzeitig, wenn Störungen – wie Häutungsschwierigkeiten, Nahrungsverweigerung und ähnliche – auftreten. Überdies läßt sich das Mikroklima leicht verändern. So erzielt man auch mit verhältnismäßig großen Belüftungsflächen eine niedrigere relative Luftfeuchtigkeit, durch das Einlegen eines mit Wasser getränkten Wattebausches – bei Wirbellosen – hingegen eine entsprechend höhere. Feuchtigkeitsliebende Amphibien und Reptilien werden durch häufiges Überbrausen mit dem notwendigen Naß versorgt. Ferner ist der Temperaturbereich durch bloße Standortänderung leicht und problemlos zu steuern.

Größere Haushaltsplastikdosen, die meist aus stabilem Plexiglas oder vergleichbarem Material bestehen, können durch einige einfache Handgriffe in Kleinstterrarien umgewandelt werden. Hierzu schneidet man mit einem scharfen Werkzeug (Säge, Messer oder dergleichen) ein größeres Loch in den Deckel und schweißt dort mit Hilfe eines Lötkolbens feines Metallgazegewebe ein. Zur Verbesserung des Klimas können gegebenenfalls eine oder mehrere Seitenwände zusätzlich mit derartigen Lüftungsöffnungen versehen werden. Die Temperatur in diesen Kleinstterrarien wird nach Möglichkeit über die Umgebungswärme gesteuert, da sich bei einer direkten Heizung von unten (per Heizmatte) oder oben (mittels Strahler) der Behälter allzu schnell überhitzen kann.

Das Freilandterrarium

Nicht unerwähnt lassen wollen wir die Möglichkeit, zahlreiche Terrarientiere zumindest während des Sommers im Garten oder auch auf dem Balkon zu pflegen, da jeder Freiluftaufenthalt eine willkommene Abwechslung gegenüber dem normalen »Terrarienalltag« darstellt. Häufig zeigen die Tiere erst hier ihre volle Farbenpracht. Auch läßt sich hin und wieder eine deutliche Aktivitätssteigerung feststellen.

Grundsätzlich muß man zwischen zwei Arten der Unterbringung unterscheiden: Zum einen Gehege für Arten, die nur an den heißesten Tagen im Garten gepflegt werden können, zum anderen solche für jene, die sich während des ganzen Sommers in einem Freilandterrarium unterbringen lassen.

Für die erste Gruppe wird die Freilandanlage im Prinzip einem Normalterrarium nachgestaltet. Da die »Urlaubs- oder Balkonbehälter« sich nur zur vorübergehenden, teilweise nur stundenweisen Unterbringung eignen, sind bestimmte bauliche Besonderheiten zu beachten: Natürlich muß das Terrarium ausbruchsicher sein, was unter anderem bedeutet, daß es mit einer festen Bodenplatte ausgestattet ist, damit sich die Tiere nicht vergraben oder ins Freie wühlen können. Auch sollten der Deckel und die Seitenwände aus Gaze bestehen, damit sich kein Hitzestau bilden kann. Die Einrichtung ist möglichst einfach zu gestalten, was die häufige Entnahme sehr erleichtert. Sehr geeignet, besonders für die Unterbringung der großen Arten, sind stabile Volieren. Beim Aufstellen eines Freilandterrariums sollte immer ein halbschattiger Platz gewählt werden, der es den Tieren ermöglicht, sich auch aus der Sonne zu entfernen.

Für die anderen Arten empfiehlt sich der Bau einer wirklich stabilen Freilandanlage, in der die Tiere die Sommermonate verbringen können. Um ein Entweichen zu vereiteln, sollte die Begrenzung fest gemauert sein oder aus Plastikwellwänden bestehen. Diese müssen etwa 40 cm tief in den Boden reichen, um ein Untergraben seitens der Bewohner oder kleiner Nager zu verhindern. Ist die Außenumwandung gemauert, so muß sie zusätzlich gegen Ausbruchsversuche jeder Art gesichert sein, da einige besonders geschickte Echsen oder Schlangen selbst mit Ölfarbe gestrichene Wände erklimmen können. Sinnvoll wäre hier ein schräg nach unten geneigter Glasstreifen an der Innenseite des Terrariums, der sich auch durch Überspringen nicht mehr überwinden läßt. Auch ist darauf zu achten, daß die Pflanzen keinen Ausbruch ermöglichen.

Da die Sonneneinstrahlung in den Heimatländern häufig wesentlich länger und intensiver ist, sollte das Freilandterrarium am Tage stets lokal mit einer Gartenleuchte bestrahlt werden, damit die Tiere wenigstens an einer Stelle immer ihre Vorzugstemperatur erreichen können. Ferner sind die Sommer in ihren Heimatgebieten wesentlich trockener, so daß man die Tiere durch ein mindestens die halbe Anlage abdeckendes Dach gegen übermäßigen Regen schützen sollte. Natürlich müssen die Gehege auch ausreichend gegen Katzen und Vögel (Krähen, Elstern und andere) gesichert werden.

Da es sich bei den für die Freilandhaltung geeigneten Arten fast immer um solche aus trockeneren (ariden) Regionen handelt, die in der Regel Bodenbewohner sind, sollte ihr Gehege einem Steingarten mit spärlichem Bewuchs ähneln. Ein dichter, schattenspendender Busch muß allerdings immer vorhanden sein.

Für Freilandterrarien kommen vor allem solche Arten in Frage, die aus Gebieten stammen, deren klimatische Verhältnisse dem mitteleuropäischen Sommer entsprechen, also etwa Nordamerika und Mittelasien. Ungefähr ab September sollten unsere Pfleglinge wieder in ihrem »Winterterrarium« untergebracht werden. Dabei darf man mit dem Herausfangen nicht zu lange warten, da sich viele Arten bei kühlem Wetter tief eingraben.

Freilandterrarien zur Pflege der europäischen Landschildkröten

Kurz erwähnen wollen wir diese Form des Freilandterrariums, da sie wohl den am weitesten verbreiteten Typus darstellt. Der ideale Haltungsort für europäische Landschildkröten – soweit sie aus gemäßigten Klimaten stammen – ist ein großes Gehege im Garten. In der Regel können die Tiere dort vom Frühjahr bis zum Herbst gepflegt werden, und sie sollten nur während sehr langer Schlechtwetterperioden vorübergehend in einem Zimmerterrarium untergebracht werden, bis sich das Wetter wieder gebessert hat.

Der Standort einer Schildkrötenfreilandanlage muß sorgfältig ausgewählt werden. Es sollte möglichst der wärmste Platz im Garten sein – nicht zu windig, aber mit möglichst langer Sonneneinstrahlung. Was die Größe betrifft, so gilt prinzipiell, daß die Anlage gar nicht zu groß konzipiert sein kann.

Zur Abgrenzung des Geheges eignen sich die unterschiedlichsten Materialien. Man kann die Absperrung aus einer gegossenen Betonwand, festem Mauerwerk – das aber an den Innenseiten glatt verputzt werden muß –, aus gewellten Plastikwellzäunen, aus Holzpalisaden und ähnlichem bilden. Die Einfriedung soll ein Ausreißen der Pfleglinge, aber auch das Eindringen von Ratten und anderen Räubern verhindern. Wichtig ist daher, daß der Zaun mindestens 30 Zentimeter tief in den Boden eingelassen wird.

Mit Hilfe einiger gestalterischer Maßnahmen läßt sich das Freilandterrarium nun zu einem artgerechten Lebensraum umbilden. Als erstes sollte man – sofern es sich beim Untergrund um sehr schweren Boden handelt – für eine ausreichende Drainage sorgen, damit das Gehege nicht bereits nach dem ersten heftigen Regenfall unter Wasser steht. Das Landschaftsbild wird durch die Aufschüttung eines Hügels bereichert, der aus lockerem Sand bestehen sollte, weil der – da er sich in seiner Konsistenz deutlich vom übrigen Bodengrund unterscheidet – von den Weibchen gern als Eiablageplatz angenommen wird.

Sehr wichtig sind auch Schattenplätze unter dichten Büschen, an denen die Schildkröten der Mittagshitze entgehen können. Die ideale Bepflanzung besteht aus harten, krautigen Bodendeckern

Europäische Landschildkröten können meistens vom Frühjahr bis zum Herbst im Freilandterrarium gepflegt werden.

Das Freilandterrarium für Landschildkröten sollte mit geeigneten Futterpflanzen bepflanzt werden. Natürlich müssen die Tiere trotzdem zusätzlich gefüttert werden.

und halbhohem Buschwerk. Entlang der Umfriedungsränder verzichtet man darauf, da die Landschildkröten den Randbereich gerne als Laufweg nutzen. Die übrige Vegetation sollte der eines Trockenrasens – mit möglichst abwechslungsreichen Futterpflanzen – gleichen. Dafür kommen neben verschiedenen Gräsern vor allem Klee, Löwenzahn, Kleines Habichtskraut, Spitzwegerich, Mehlige Königskerze, Kleiner Sauerampfer, Vogelmiere und andere in Frage.

Die Schildkröten sollten immer am gleichen Platz gefüttert werden, damit sie ausreichend mit Vitaminen und Mineralstoffen versorgt werden können. Auch ein Badebecken darf niemals fehlen. Seine Ränder müssen von allen Seiten gleichmäßig abfallen, wobei die »Rampen« weder zu glatt noch zu steil sein dürfen. Da die Schildkröten beim Baden gerne ausgiebig trinken und ihr Geschäft verrichten, sollte das Wasserbecken leicht zu reinigen sein.

Als letzter Bestandteil eines jeden Freilandterrariums muß das an drei Seiten abgeschlossene Schlupfhäuschen erwähnt werden. Seine Grundfläche sollte etwa 60 cm × 60 cm betragen. Dient es ausschließlich als Nachtquartier, so reicht es, den Bodengrund etwa 30 cm tief auszuheben, damit sich die Schildkröten während längerer Schlechtwetterperioden notfalls eingraben können. Der Ausgang sollte immer nach Südosten weisen, damit die Morgensonne die Landschildkröten weckt und aus der Hütte lockt.

Die freie Haltung im Zimmer

Als letztes wollen wir noch kurz die freie Haltung von großen und kleinen Reptilienarten im Zimmer erörtern. Häufig haben Terrarianer nicht die Möglichkeit, ein wirkliches Großterrarium – wie es zur artgerechten Pflege großer Echsen erforderlich wäre – aufzustellen. Trotzdem wollen sie beispielsweise nicht auf die Pflege eines Grünen Leguans oder einer vergleichbaren Art verzichten oder nicht auf besser geeignete kleinere Spezies ausweichen. Deshalb halten sie ihre Tiere frei im Zimmer, auf der Fensterbank, im Wintergarten, im Gewächshaus oder in der ganzen Wohnung. Diese Art der Haltung ist jedoch nur bei ganz wenigen, relativ standorttreuen Arten überhaupt möglich.

Dies sind zum einen die langsamen Leguanarten der Gattung *Chamaeleolis* und einige große Chamäleonarten, wie Parsons Chamäleon (*Calumma parsonii*), da sich diese Tiere immer auf ihre Tarnung verlassen und den ganzen Tag als Lauerjäger im Geäst zubringen. Die Unterbringung auf einer großen, üppig bepflanzten Fensterbank stellt bei ihnen durchaus eine Alternative zur Terrarienhaltung dar. Wichtig ist hier, wie bei jeder freien Haltung, daß die Fenster durch Fliegendraht gegen Ausbruch gesichert sind. Desgleichen sollte man die Fensterbank mit einem hohen Glasstreifen, den die Tiere auch mit Hilfe von Pflanzen nicht überklettern oder überspringen können, gegen ihr Entweichen ins Zimmer absichern (die oben erwähnten Gattungen weisen keine Haftlamellen auf).

Besser ist es jedoch, die Fensterbank gleich mit Hilfe einer Glas- oder Drahtkonstruktion zu einem »Einbauterrarium« umzugestalten. Man kann dann zwar eigentlich nicht mehr von freier Haltung sprechen, doch bleibt der große Vorteil dieser Unterbringung auf diese Weise erhalten: Die Tiere sind nämlich den fast schon natürlichen Temperaturschwankungen (also dem Tag-Nacht-, aber auch dem Jahreszeitenrhythmus) ausgesetzt. Wichtig ist natürlich auch hier, daß Futterplätze, kühle und feuchte Verstecke, erhöht angebrachte Wasserschalen und gleichwertige Sonnenplätze in ausreichendem Maße vorhanden sind.

Die andere große Gruppe der frei im Zimmer pflegbaren Arten umfaßt einige Großechsen. Die am häufigsten betroffene Spezies ist dabei wohl der Grüne Leguan (*Iguana iguana*). Da neu erworbene Tiere sich in der ersten Zeit recht scheu und schreckhaft verhalten (was sich jedoch recht schnell legt) und die Babys zudem noch recht klein sind, sollten sie zunächst auf jeden Fall in einem Terrarium untergebracht werden. Dort können sie sich an ihren Pfleger gewöhnen, bevor man sie völlig »zahm« ins Zimmer entläßt.

Nicht jeder Raum ist dafür geeignet, da die Leguane Kletteräste und erhöhte Schlafplätze, möglichst auch unter der Decke, benötigen. Auch sollte man bedenken, daß sich große, dicke Baumstämme nur bedingt halbwegs dekorativ ins Wohnzimmer integrieren lassen. Außerdem sind Leguane nicht stubenrein, was die Nerven nicht terrarienbegeisterter Mitbewohner stark belasten kann – ganz abgesehen von der Vorstellung, die eigene Wohnung mit einem »Drachen« teilen zu müssen. Nicht vergessen darf man ferner, daß viele Leute nicht begeistert sind, wenn sich der Leguan zum Frühstück über die Delikatessen auf der Fensterbank hermacht.

Vielleicht ist es doch eher möglich, ein großes Terrarium aufzustellen oder aber ein ganzes Zimmer in ein solches zu verwandeln. Der Grüne Leguan eignet sich aber auch zur Pflege in einem beheizten Gewächshaus oder in einem Wintergarten, da er die dort bei Sonneneinstrahlung herrschenden hohen Temperaturen gut verträgt. Lediglich gegen zu kühle Temperaturen ist ausreichend Vorsorge zu treffen. Es reicht völlig aus, die Raumtemperatur nicht unter 20 °C sinken zu lassen und der Echse mittels lokal beheizter beziehungsweise bestrahlter Flächen eine Gelegenheit zu geben, sich auf ihre Vorzugstemperatur zu erwärmen. Was das für die Heizkostenabrechnung bedeutet, wollen wir hier allerdings ausklammern.

Viele Terrarianer halten auch einen oder mehrere Geckos frei im Zimmer, damit diese entwichene Futtertiere, aber auch die sich gerne im Terrarienraum ansiedelnden Spinnen vertilgen. Durch ihre große Anpassungsfähigkeit sind besonders die echten Kulturfolger (*Hemidactylus mabouia, Gehyra variegata*, der Tokee *Gekko gecko* und viele andere) für diese Art der Haltung geeignet. Die künstlichen Bedingungen ähneln oftmals den in ihren Heimatländern vorherrschenden.

Insgesamt spielt die freie Haltung jedoch nur eine untergeordnete Rolle, und sie stellt keine wirkliche Alternative zur Pflege im Terrarium dar, da die spezifischen Ansprüche der meisten Tiere in einem Zimmer doch recht schwer zu verwirklichen sind. Man sollte sich daher vorher überlegen, ob man überhaupt in der Lage ist, seine Tiere angemessen unterzubringen, bevor man auf derartige Notlösungen ausweicht.

Die Haltung von Terrarientieren im Zimmer stellt oft nur eine Notlösung und keine echte Alternative zur Pflege im Terrarium dar.

Terrarientechnik

Der Betrieb eines Terrariums ist heute ohne den Einsatz moderner technischer Hilfsmittel praktisch nicht mehr denkbar. Das fängt mit dem täglichen Ein- und Ausschalten der Beleuchtung an und endet mit der durch Feuchtigkeitsfühler ausgelösten Beregnung der Behälter.

Das wichtigste technische Hilfsmittel ist dabei die **Zeitschaltuhr**, mit der nahezu alle sich täglich wiederholenden Arbeiten automatisiert werden können. Mit ihr lassen sich die Beleuchtung, die Strahler, die Belüftung mittels Ventilator sowie die Heizung ein- und ausschalten. Selbst die mitunter nur einige Sekunden sprühende Beregnungsanlage kann mit einer dafür geeigneten Schaltuhr leicht gesteuert werden.

Ohne Zeitschaltuhren wäre die Steuerung eines einzelnen Terrariums bereits eine tagesfüllende Aufgabe und die einer größeren Terrarienanlage wohl kaum noch zu bewältigen. Auch sollte man immer bedenken, daß man Dank ihrer guten Dienste getrost mehrere Tage in Urlaub fahren kann, ohne daß täglich jemand die Beleuchtung ein- und ausschalten muß.

Ferner führt die Gleichmäßigkeit der Schaltvorgänge zu einer für das Wohlergehen der Pfleglinge sehr vorteilhaften Gewöhnung. So wissen zum Beispiel die meisten Echsen genau, wann die Beregnungsanlage frühmorgens zu sprühen beginnt. Während dieser kurzen Zeitspanne verbergen sie sich in ihren Verstecken, die sie anschließend sofort verlassen, um einige Wassertropfen aufzunehmen. Auf diese Art erhält der Terrarianer ferner genügend Zeit zum Beobachten seiner Tiere, da als einzig täglich anfallende »Handarbeit« noch die Fütterung verbleibt.

Zeitschaltuhren sind im Handel überall in den unterschiedlichsten Qualitäten erhältlich. Das beginnt mit der mechanischen Variante, deren geringste Schaltzeit eine Viertelstunde beträgt, und endet mit dem digitalen Modell, das als geringste Einstellungszeit eine Minute aufweist und häufig zusätzlich noch verschiedene Wochenprogramme zu steuern vermag.

Beim Kauf sollte man unbedingt darauf achten, daß die Zeitschaltuhren ein batteriebetriebenes oder mechanisches Nachlaufwerk von mindestens einigen Stunden haben, damit sie sich nicht bei einem eventuellen Stromausfall verstellen und die gesamte Steuerung aus dem Ruder läuft. Daß die Beleuchtung dann unter Umständen einmal nachts anspringt, wäre sicher noch das kleinere Übel. Schlimmer ist es da schon, wenn die Sprühanlage statt der üblichen einen Minute plötzlich mehrere Stunden lang sprüht und dabei nicht nur das Terrarium unter Wasser setzt.

Auch **Computer** lassen sich hervorragend zum Betreiben eines Terrariums oder einer Terrarienanlage einsetzen, da man mit ihrer Hilfe nicht nur die täglichen Funktionen steuern kann, sondern gleichzeitig Jahresabläufe – wie zum Beispiel die sich ändernde Photoperiode, die sich jahreszeitlich ändernden Temperaturen, aber auch Regen- und Trockenzeiten – einspeichern und somit ohne laufende Änderungen der Einstellungen zu imitieren vermag. Terrarianern ohne entsprechende Möglichkeiten und Kenntnisse bleibt allerdings nur der herkömmliche Weg, die Schaltzeiten nach einem vorher festgelegten Kalender laufend manuell zu ändern.

Weitere technische Hilfsmittel sind elektronische **Thermostate**, die die Heizung steuern, aber auch – etwa bei zu hohen Temperaturen – die gesamte Beleuchtung ausschalten, um eine Überhitzung des Terrariums zu vermeiden. Im folgenden wollen wir die zum Betreiben eines Terrariums elementar benötigten technischen Geräte kurz vorstellen.

Heizung

Da es sich bei allen Terrarientieren um wechselwarme Lebewesen handelt, die von ihrer Umgebungstemperatur und/oder der Strahlungswärme abhängig sind, kommt der Beheizung eines Terrariums entscheidende Bedeutung zu. Wie schon gesagt, benötigen alle unsere Pfleglinge immer einen hochspezifischen Temperaturbereich, in dem ihre wichtigsten Körperfunktionen erst ablaufen und bei dem sie ihr abwechslungsreiches Verhalten zeigen. Dieser kann sehr unterschiedlich sein und variiert von Art zu Art.

Die natürlichste Art, ein Terrarium zu beheizen, bestünde darin, mittels Strahlungswärme für die nötige Lufttemperatur und Substratwärme zu sorgen. Das läßt sich jedoch oftmals nur sehr schwer realisieren. Am einfachsten erwärmt man das Terrarium von unten mit Hilfe von **Heizmatten**, **Heizplatten** oder anderen speziell für Terrarien entwickelten Aggregaten, die eine nur milde, aber ausreichende Wärme abgeben. Wichtig ist, daß derartige Vorrichtungen immer nach unten isoliert werden, um unnötige Energieverluste zu verhindern. Da diese Apparaturen einen enormen Stromverbrauch aufweisen, sollte man versuchen, ihre unter den Terrarien installierten Vorschaltgeräte (bei Niedervolt-Heizungen), deren Abwärme ansonsten sinnlos im Zimmer verpuffen würde, als Heizaggregate zu nutzen.

Durch Erwärmung von unten lassen sich auch andere Faktoren des Terrarienklimas – insbesondere die relative Luftfeuchtigkeit – steuern. Bringt man zum Beispiel die Heizung unter dem Wasserbecken oder unter nassen oder feuchten Erdpartien an, so steigt die relative Luftfeuchtigkeit erheblich schneller, als dies bei Erwärmung der trockenen Bodenpartien der Fall wäre. Ein weiterer Vorteil des erwärmten Terrarienbodens hängt mit dem Eiablageverhalten vieler Reptilienweibchen zusammen: Sie nehmen zu diesem Zweck nur ihnen besonders geeignet erscheinende Stellen an, und ein Kriterium dafür ist in der Regel die Substratwärme. Wird das ganze Terrarium nur von oben mittels Strahlern erwärmt, so bleibt der Bodengrund kalt und erscheint den Weibchen nicht zur Eiablage geeignet – was häufig zu Legenot mit Todesfolge führt. Bei einigen Arten stellen die Weibchen allerdings das Graben ein, wenn der Bodengrund nach unten hin immer wärmer wird.

Reptilienweibchen vergraben ihre Eier oft nur an einer Stelle des Bodengrundes, deren Temperatur ihnen geeignet erscheint.

Ein sehr großes Problem stellt das Beheizen eines Großterrariums dar, da meist mehrere Kubikmeter Luft erwärmt werden müssen. Mittels einer Bodenheizung wäre dies nicht problemlos zu bewältigen, da der Boden dann auf etwa 80 °C erwärmt werden müßte. Die beste Lösung stellt eine **Fußbodenheizung** dar, die zusätzlich auch in der Wand verlegt wird, so daß nun Boden und Wände erträgliche Temperaturen aufweisen und gleichzeitig die Luft im Terrarium auf das gewünschte Niveau erwärmt wird. Für Großterrarien empfiehlt sich aus Energiespargründen immer nur der Einsatz einer normalen Fußbodenheizung (Warmwasser-System), die an die normale Wohnungs- oder Hausheizungsanlage angeschlossen wird, denn das Beheizen mit Hilfe von Strom dürfte unbezahlbar sein.

Nicht immer hat man die Möglichkeit, die Wärmequelle direkt unter dem Terrarium zu installieren. Dann verbleibt lediglich die Alternative, ein Risiko einzugehen und die Heizung im Behälter selbst anzuordnen. Hierfür eignen sich vor allem **Heizkabel** mit einer sehr stabilen Silikonummantelung, die man immer direkt auf dem Terrarienboden verlegen muß. Dort werden sie mit Klebeband gegen ein Verschieben durch grabende Echsen gesichert. Der nachträgliche Einbau eines solchen Heizkabels erfordert sehr viel Geschick und gute Nerven, da man immer dann, wenn ein Ende gerade im Bodengrund versenkt ist, riskiert, es beim nächsten Handgriff wieder herauszuziehen.

Als Heizaggregate eignen sich ferner **Aquarienheizer** mit einer Leistung

Im Terrarium befindliche Kabel müssen regelmäßig auf Schäden an ihrer Isolierung überprüft werden!

von 5 Watt. Sie bilden eine milde lokale Wärmequelle und laufen auch bei einem Hitzestau im Bodengrund nicht Gefahr zu platzen. Allerdings dürfen sie nie mit kaltem Wasser besprüht werden. Man kann sie entweder so wie ein Heizkabel auf dem Boden verlegen oder aber – gut in einer Korkröhre versteckt – etwas höher im Terrarium anbringen.

Leider schaffen derartige Möglichkeiten auch eine ganze Reihe von Gefahrenquellen. So muß die Stelle, an der das Kabel ins Terrarium geleitet wird, sorgfältig mit Silikonkleber abgedichtet werden, um das Entweichen von Futtertieren zu verhindern. Außerdem nagen Grillen und andere Futtertiere hin und wieder die Silikonummantelung an, so daß das Kabel an einigen Stellen bloßliegt, was einen Brand oder Stromschlag zur Folge haben kann. Dagegen bieten Kabelschächte und ähnliches zusätzliche Sicherheit.

Vor dem Besetzen eines Terrariums sollte man immer an verschiedenen Stellen mit Hilfe eines **Maximum-Minimum-Thermometers** die Temperaturen messen. Wenn sie dann nicht im gewünschten Bereich liegen, lassen sich anschließend noch leicht die notwendigen Korrekturen durchführen. Neben der Wärme werden üblicherweise auch die relative Luftfeuchtigkeit und ihre Schwankungen mit Hilfe eines **Haarhygrometers** gemessen und das Terrarium gegebenenfalls durch die bereits vorher an verschiedenen Stellen beschriebenen Maßnahmen auf die erforderlichen Werte »geeicht«.

Ist alles in Ordnung und hat man auch die begehrten Terrarientiere in ihr neues »Habitat« entlassen, so muß man gegebenenfalls noch Vorsorge gegen Überhitzung und zu niedrige Temperaturen treffen. Besonders im Sommer kann die Raumtemperatur leicht so hoch ansteigen, daß jede zusätzliche Beheizung eine große Gefahr darstellt. Dem kann vorgebeugt werden, indem man mittels eines **Temperaturfühlers,** der durch eine Schaltuhr an den Stromkreis gekoppelt ist, dafür sorgt, daß bei Überschreiten einer bestimmten Wärmeschwelle die gesamte Heizung ausgeschaltet wird. Mit einem zweiten Gerät kann man noch überdies bei Erreichen noch höherer Temperaturen die Beleuchtung aus- und ein Gebläse einschalten. Umgekehrt läßt sich ein derartiger Temperaturfühler natürlich auch zum Verhindern von zu niedrigen Temperaturen einsetzen, indem er die Heizung bei Unterschreiten einer bestimmten Schwelle – zum Beispiel 15 °C – bis zu deren erneuter Überschreitung einschaltet. Für Räume, Wintergärten und Gewächshäuser empfehlen sich die sogenannten Frostwächter.

Beleuchtung

Neben der Temperatur spielt bei den meisten unserer Pfleglinge die Beleuchtung eine mindestens ebenso wichtige Rolle. So ist der Tagesablauf der Tiere hauptsächlich von den Lichtverhältnissen abhängig, mit deren Hilfe sie die Ruhe- und Aktivitätsphasen sowie den Tag-Nacht-Rhythmus steuern.

Um unseren Tieren eine möglichst angemessene Lichtstärke zu bieten, aber auch aus Energiespargründen sollten nur hochwertige Strahler und Leuchtstoffröhren zur Terrarienbeleuchtung eingesetzt werden. Ferner müssen alle Beleuchtungskörper und Leuchtstoffröhren mit Reflektoren ausgestattet sein, da sich so die Lichtmenge nochmals um bis zu 40 Prozent steigern läßt.

Besonders gut geeignet sind **Leuchtstoffröhren**, da sie ein gleichmäßig verteiltes Licht liefern und auch durch ihr Kosten-Nutzen-Verhältnis überzeugen. Sehr wirtschaftlich arbeiten beispielsweise die Röhren der Serie »Lumilux« aus dem Hause Osram und die der Philips TL-Serie. Da in der letzten Zeit vermehrt neue Modelle mit sehr sonnenlichtähnlichen Farbspektren und guter Lichtausbeute auf den Markt gekommen sind, sollte man sich vor jedem Kauf informieren, welche Möglichkeiten aktuell zur Verfügung stehen.

Sehr positiv zu bewerten sind die neuen, elektronisch arbeitenden **Vorschaltgeräte**, die Leuchtstoffröhren mit einer höheren Frequenz betreiben, da sie verschiedene Vorteile aufweisen. Zum einen wird der häufig enorme Energieverbrauch der Vorschaltgeräte selbst auf ein Minimum reduziert, was sich in erster Linie durch eine geringere Abwärme bemerkbar macht. Das ist vor allem für Leute interessant, die Probleme mit allzuviel Wärme haben und ihre Terrarien nicht mit den Vorschaltgeräten beheizen. Ferner benötigen die Leuchtstoffröhren keinen Starter mehr, sondern sie springen bei der Zündung sofort an. Auch das lästige Flackern entfällt, was eine erheblich längere Lebensdauer der Röhre mit sich bringt. Weitere Einsparungen ergeben sich aus dem geringeren Stromverbrauch, so daß man nach einiger Zeit die vergleichsweise hohen Anschaffungskosten wieder erwirtschaftet hat.

Bei der Auswahl der **Lichtfarbe** sollte man möglichst Typen mit einem sonnenlichtähnlichen Farbspektrum den Vorzug geben. Sehr angenehm für das menschliche Auge ist eine Kombination aus den Lichtfarben »Tageslicht« und »Warmton«.

Kombiniert werden sollten die Leuchtstoffröhren immer mit einigen **Niedervolt-Kaltlichthalogenstrahlern**, die zur Bildung lokaler Lichtinseln im Terrarium geeignet sind – ein ästhetisch sehr schöner Effekt, der auch von den Tieren gern angenommen wird. Überdies besitzen die Lampen einen hohen UV-Lichtanteil (ein Filterglas ist gegebenenfalls zu entfernen), weshalb sie sich besonders zur Aufzucht von Jungtieren eignen. Diese Niedervolt-Kaltlichthalogenstrahler bietet der Handel in den unterschiedlichsten Wattstärken und Abstrahlungswinkeln an. Für unsere Zwecke geeignet sind vor allem sogenannte Spots mit einem Abstrahlungswinkel von etwa 12°. Alle Niedervoltlampen können nur mit entsprechenden Vorschaltgeräten betrieben werden. Auch hier gibt es wieder deutliche Unterschiede: zum einen die stromfressenden, hitzeerzeugenden Geräte herkömmlicher Bauart, zum anderen die elektronisch arbeitenden neueren Typs.

Eine der wichtigsten Fragen, die sich in diesem Zusammenhang immer wieder stellt, lautet: »Wie viele Röhren benötige ich für ein bestimmtes Terrarium?« Diese Frage läßt sich nicht pauschal beantworten. Die Lösung hängt vielmehr jeweils von der gepflegten Art sowie der Terrarientiefe und -höhe ab. Generell läßt sich sagen, daß Terrarien mit einer Höhe von mehr als 80 cm nur noch mit Metalldampf-Entladungslampen beleuchtet werden sollten.

Für Bodenbewohner empfiehlt es sich daher immer, eine möglichst geringe Terrarienhöhe zu wählen, damit noch ausreichend Licht bei den Tieren ankommt. Zahlreiche Terrarianer, speziell Pfleger von bodenbewohnenden Arten, haben deshalb die Röhren im Terrarium selber unter der Decke installiert. Da dies mit einem zusätzlichen Risiko behaftet ist, können wir nur davon abraten. Wer es trotzdem nicht lassen kann, sollte auf jeden Fall Feuchtraumfassungen verwenden und alle stromführenden Verbindungsleitungen außerhalb des Terrariums installieren.

Für größere Terrarien kommen nur noch **Metalldampf-Entladungslampen** – wie zum Beispiel die Quecksilberdampflampen (HQL) und die sehr teuren Joddampf-Entladungslampen (HQI) – in Frage. Auch sie können nur mit Vorschaltgeräten betrieben werden, doch sind sie in der Regel im Aquarienhandel als komplette Strahler mit Reflektor erhältlich. Neben ihrer enormen punktförmigen Lichtabgabe haben sie noch den Vorteil, daß sie – wie die Sonne – eine gewisse Strahlungswärme abgeben, welche die »Sonnenanbeter« unter unseren Pfleglingen gern in Anspruch nehmen. Jedoch sollte, um Verbrennungen zu vermeiden, immer ein gewisser Mindestabstand zwischen dem möglichen Aufenthaltsort der Tie-

Die neuen elektronischen Vorschaltgeräte für Leuchtstoffröhren sparen nicht nur Strom, sondern geben auch keine überflüssige Wärme ab.

re und der Lampe vorhanden sein. Die vergleichsweise hohen Anschaffungskosten der HQI-Lampen fallen bei einem Vergleich ihrer Lebensdauer und ihrem Strom-Leistungs-Verhältnis mit denen herkömmlicher Lampen nicht mehr ins Gewicht. Im Gegenteil, am Ende arbeiten HQI-Lampen sogar kostengünstiger.

In diesem Zusammenhang müssen wir noch kurz auf die folgende Frage eingehen: »Benötigen Terrarientiere **UV-Licht**, und wenn ja, wieviel?« Diese Frage läßt sich im Prinzip mit »Nein« beantworten. Zahlreiche Terrarianer züchten die verschiedensten Arten – zum Teil seit mehreren Generationen – ohne Probleme, obwohl sie ihren Pfleglingen nie eine UV-Bestrahlung zukommen lassen. Diese Vorgehensweise setzt eine ausreichende Versorgung mit Vitamin D_3 voraus.

Eine regelmäßige Bestrahlung mit UV-Licht fördert die Vitalität vieler Reptilien.

Ganz unbestritten ist in diesem Zusammenhang jedoch die vitalitätsfördernde Eigenschaft des UV-Lichtes, die sich besonders bei der Aufzucht zahlreicher Reptilien bemerkbar macht. Es empfiehlt sich deshalb, den Tieren eine gewisse UV-Beleuchtung zukommen zu lassen. Dafür eignen sich am besten die Ultra-Vita-Lux-Lampen von Osram, mit denen die Tiere aus mindestens einem Meter Abstand täglich fünf Minuten lang bestrahlt werden.

Ein weiterer – bisher eigentlich zu wenig beachteter – Effekt der UV-Strahlung im Terrarium ist ihre keimtötende Wirkung. Es ist kein Geheimnis, daß sich in unseren Becken, wie in allen Käfigen oder Gehegen, aufgrund des geringen Luftaustausches und der fehlenden Mikroorganismen ein unnatürlich hoher Bestand an schädlichen Bakterien, Viren und Pilzen bildet. Zahlreiche Froschliebhaber, die früher laufend Probleme mit verpilztem Laich hatten, setzen inzwischen zur Verhinderung des Pilzbefalls mit großem Erfolg eine schwache UV-Bestrahlung ein. Wie man die Luft im Terrarium und Terrarienzimmer insgesamt möglichst keimfrei hält, haben wir bereits in dem Abschnitt »Luft« besprochen.

Sprüh- und Nebelanlagen

Eine weitere ganz wesentliche Arbeitserleichterung für den Terrarianer stellt eine vollautomatische Sprüh- oder Beregnungsanlage dar, da man mit ihrer Hilfe die Becken regelmäßig und ganz nach individuellem Bedarf beregnen lassen kann. Auf diese Weise bietet man seinen Tieren auch die Gelegenheit, zu festen Zeiten – beispielsweise frühmorgens als Imitation des Taues – stets genügend Wasser aufzunehmen. Auch lassen sich hiermit leicht Trocken- und Regenzeiten imitieren. Der größte Vorteil einer Beregnungsanlage liegt aber in der durch sie gewonnenen Unabhängigkeit, da nun während des Urlaubs, aber auch schon bei kürzeren Abwesenheiten von Zuhause nicht täglich jemand nach den Terrarien zu schauen braucht. Auch bleibt dem Pfleger so genügend Zeit zum Beobachten seiner Schützlinge.

In den letzten Jahren haben sich zwei Modelle durchgesetzt: Einmal ein selbstgebautes, zum anderen das »Multi-Drop-System« von Gardena. Beide Systeme haben ihre Vor- und Nachteile, und sie sollen an dieser Stelle kurz beschrieben werden. Dabei geben wir indes nur kurze Beschreibungen, keine Bauanleitungen! Ihr Einbau ist auch nicht in jeder Wohnung möglich und sollte gegebenenfalls besser von einem Fachmann ausgeführt werden. Beide Systeme haben ihre Tücken, und der Hersteller von Gardena weist sogar ausdrücklich darauf hin, daß sein System nur im Freien verwendet werden sollte. Schon deshalb sollte man seine Installierung allenfalls in Eigentumswohnungen oder Kellern erwägen.

Um die Anschaffung aufwendiger Pumpen und Tanks zu vermeiden, betreibt man die Sprühanlage am einfachsten mit dem normalen Wasserleitungsdruck. An das Leitungssystem werden ein Teilchenfilter sowie ein Druckpuffer, der den Leitungsdruck beim Öffnen der Leitung abfängt, und dann hintereinander zwei Magnetventile – wie sie zum Beispiel in Waschmaschinen verwendet werden – angeschlossen. Zwei Magnetventile sind deshalb unerläßlich, damit eines auch dann noch schließt, wenn sich das andere einmal festgesetzt beziehungsweise sich ein Teilchen darin verfangen hat. Diese Magnetventile kann man mit Hilfe einer digitalen Zeitschaltuhr oder von Hand schalten. Aber auch hier gilt wieder das Prinzip der doppelten Sicherheit: So schaltet man hinter die Zeitschaltuhr noch ein Hausbeleuchtungsrelais, das den Stromfluß auch dann unterbricht, wenn die Zeitschaltuhr versagen sollte. Mit seiner Hilfe lassen sich auch kürzere Sprühzeiten von nur wenigen Sekunden Dauer einstellen. In die Terrarien klebt man nun handelsübliche Wassersprühdüsen, wie zum Beispiel Ersatzdüsen für »Gloria«-Gartenspritzen, die über ein Schlauchsystem an das Magnetventil angeschlossen werden.

Die zweite Möglichkeit, sich eine vollautomatische Sprühanlage zu bauen, bieten die Gardena-Bewässerungssysteme und hier besonders das Multi-Drop-System. Auch diese Sprühanlage arbeitet mit dem normalen Leitungsdruck. Deshalb schließt man zuerst einen Feinfilter und danach einen Druckpuffer an die Leitung an. Erst dann installiert man zur Steuerung der Sprühanlage den Gardena Bewässerungscomputer mit integriertem Magnetventil und Zeitschaltuhr. Der größte Vorteil dieses Systems liegt in der Vielfalt der Düsen und in ihrer einfachen Verlegbarkeit. So wird das Wasser in fest installierten Plastikrohren, die durch Kupplungen beliebig miteinander verbunden werden können, bis zur Düse geleitet. Diese Düsen kann man nun (jedenfalls laut Herstelleranleitung) einfach in das Rohr stecken, das dann aber leider meist nicht dicht schließt. Deshalb sollte man auch die Düsen immer durch Kupplungen mit der Leitung verbinden.

Bei jeder dieser Sprühanlagen darf man allerdings nicht vergessen, daß alle angeschlossenen Terrarien mit einem nicht zu kleinen Abfluß ausgestattet sein müssen. Dafür läßt man in den Terrarienböden jeweils Bohrungen von etwa 10–27 mm Durchmesser anbringen, in die man entweder eine Schraubmuffe oder aber einen einseitig verschraubbaren Abfluß aus Plastik (zum Beispiel die im Campingzubehörhandel erhältlichen Modelle für Wohnwagenwaschbecken) einklebt. Daran schließt man ein dichtes Schlauchsystem an, welches das Wasser direkt in ein Abflußrohr leitet. Außerdem muß der Abfluß im Terrarium gut durch Filterwatte oder ähnliches Material gegen das Eindringen von Einrichtungsgegenständen und Tieren gesichert sein.

Um Überschwemmungen zu vermeiden, verwende man für Beregnungsanlagen stets zwei hintereinandergeschaltete Magnetventile.

Ein in diesem Zusammenhang vieldiskutiertes Problem ist das der Wassertemperatur. Vielen scheint das direkt aus der Leitung fließende Wasser – besonders im Winter – für Pfeilgiftfrösche unnatürlich kalt zu sein. Wer also für einen warmen »Niederschlag« sorgen will, sollte im Terrarienzimmer unter der Decke einige Meter Kupferrohr oder Druckschlauch verlegen, in denen sich das Wasser auf Zimmertemperatur erwärmen kann. Nicht vergessen darf man, sich eine Möglichkeit zu schaffen, diese Erwärmungsmöglichkeit im Sommer »stillzulegen«, da sich das Wasser sonst zu dieser Jahreszeit viel zu stark erwärmen würde.

Wie man leicht erkennt, erfordert der Einbau einer Sprühanlage gewisse planerische Vorarbeiten, bei denen die unterschiedlichsten Gesichtspunkte bedacht sein wollen.

Erst seit jüngster Zeit werden in den Terrarien immer öfter **Ultraschall-Luftbefeuchter** als Nebelanlagen zur Habitatdurchfeuchtung – oder auch einfach nur zur Steigerung der relativen Luftfeuchtigkeit – eingesetzt. Nicht geeignet sind derartige Systeme zum Beregnen der Behälter, da die austretende Wassermenge viel zu gering ist. Meistens sind die Nebelanlagen wesentlich betriebssicherer als Sprühanlagen, da sie nicht mit dem enormen Leitungsdruck arbeiten und die Terrarien nicht mit einem Abfluß ausgestattet sein müssen. Deshalb können sie in jeder Wohnung eingebaut werden.

Für die Froschpflege weisen die Luftbefeuchter wesentliche Vorteile auf: So reagieren die Tiere viel schneller und stärker auf eine 100prozentige relative Luftfeuchtigkeit als auf das Überbrausen des Terrariums. Auch bei zahlreichen Insekten ist es von Vorteil, wenn nachts – oder besser in den frühen Abendstunden – die relative Luftfeuchtigkeit ansteigt, da sie in der Natur den abendlichen Tau für ihre Häutung nutzen.

Für eine Nebelanlage benötigt man einen der überall im Handel erhältlichen Ultraschall-Luftbefeuchter. Beim Kauf sollte darauf geachtet werden, daß er einen Entkalker enthält. Die meisten anderen Geräte dürfen nur mit destilliertem Wasser betrieben werden. Auch sollte die Kapazität des Tanks so gewählt sein, daß der Wasservorrat für mehr als eine Woche ausreicht. Ideal sind daher Geräte mit einem 10-l-Tank.

An die Öffnung, aus welcher der Wasserdampf austritt, wird ein Rohrsystem angeschlossen. Dabei müssen die Leitungen, durch die der Dampf vom Gerät zu den Terrarien strömt, einen Durchmesser von mindestens 60 mm aufweisen. An dieses Hauptrohr schließt man einige dünnere Leitungen mit einem Durchmesser von etwa 30 mm an. Dabei darf der Gesamtleitungsweg nicht zu lang sein. Die Rohre müssen im Terrarium enden und mit einem sehr groben Gewebe (Maschenweite etwa 5 mm) gegen das Eindringen der Bewohner gesichert werden. Ebenfalls sehr wichtig ist es, daß die gesamte Rohrleitung ein leichtes Gefälle aufweist, damit das darin kondensierte Wasser ins Gerät zurück oder ins Terrarium laufen kann.

Mit einer Nebelanlage lassen sich – je nach Leistungsstärke des Luftbefeuchters – etwa vier bis acht Normalterrarien betreiben. Da der Wasseraustritt sehr gering ist, darf man nicht vergessen, zusätzlich zu sprühen und die Pflanzen zu gießen.

Terrariengestaltung und -einrichtung

Grundsätzlich beginnt die Terrarieneinrichtung mit dem Verkleiden der Seitenscheiben und der Rückwand. Je nach dem zu imitierenden Biotop bieten sich dabei die verschiedensten Möglichkeiten. In allen Terrarientypen – und auch bei den unterschiedlichsten nachgeahmten Lebensräumen – hat sich das Verkleiden der Wände mit dünnen **Korkplatten** bewährt, da diese auch gegen Feuchtigkeit relativ resistent sind und den Tieren Raum zum Klettern bieten. Korkplatten gibt es in den unterschiedlichsten Stärken und Qualitäten sowie in zwei Farben. Am gebräuchlichsten ist der überall im Tapetenhandel oder in Baumärkten erhältliche helle Kork, der etwa zum Verkleiden von Wänden benutzt wird. Die in der Regel 30 cm × 60 cm großen, 2 mm starken Platten werden auf das gewünschte Maß zurechtgeschnitten und mit Silikonkleber befestigt.

Wesentlich vielseitiger zu verwenden ist der dunkle, in Stärken von 20–60 mm angebotene Dachdeckerkork, der in allen Dachdeckerbedarfsgroßhandlungen erhältlich ist. Von ihm gibt es zwei verschiedene Qualitäten: zum einen den einfach heißgepreßten, zum anderen den geklebten. Für die Terrarien ist nur die erste Sorte geeignet, da der geklebte Kork ständig giftige Lösungsmittel freisetzt. Anders als beim dünnen Material kann man hier die Oberfläche mit einer Fräse oder ähnlichem derart bearbeiten, daß sie das Klettern der Pfleglinge weitgehend begünstigt. Auch ermöglicht der Dachdeckerkork eine Bepflanzung und weist ein fast natürliches Aussehen auf.

Da Kork stark staubt, ist es besser, die Oberfläche noch vor dem Einbau ins Terrarium im Freien zu überarbeiten. Der dicke Kork läßt sich – beispielsweise durch Sägen, Brechen und so weiter – gut verarbeiten, und da er zudem sehr leicht ist, eignet er sich auch zum Gestalten von Aufbauten und als Grundlage für Felsimitationen. In schmale Streifen – mit einer gesägten und einer gebrochenen Seite – geschnitten, läßt er sich gut mit der glatten Fläche an die Wände kleben. Diese Aussichtsplattformen sind begehrte Aufenthaltsplätze. Ebenso kann man Felsspalten leicht und gut kontrollierbar nachgestalten oder einfach nur die verfügbare Lauffläche vergrößern. Als Felsspaltenimitation klebt man die unten fächerartig immer enger zusammenlaufenden Korkstreifen an eine Seite der Rückwand. Diese Spalten werden trotz ihrer guten Kontrollierbarkeit von den Tieren gern angenommen. An ihrem Verhalten erkennt man leicht, ob sie sich in den Verstecken völlig sicher fühlen.

Auch bepflanzen läßt sich der dunkle Kork leicht. Hierzu bohrt man ein Loch, in welches der Wurzelballen der Pflanze mit etwas Erde fest hineingesteckt wird. Wenn man das Gießen nicht vergißt, wurzeln die Pflanzen recht schnell ein. Der rankende Zwerggummibaum *Ficus pumila* kann etwa auf diese Weise die dunkelbraune Rückwand in kürzester Zeit in ein grünes Pflanzenmeer verwandeln. Ebensogut kann man auch Epiphyten-Gewächse anheften oder sogar ankleben – wobei die Wurzeln vieler Arten in *Sphagnum* (Torfmoos) eingebettet werden müssen, da Kork das Wasser nicht lange hält und so auch keine Staunässe entsteht.

Am schönsten, aber auch am teuersten ist der Einbau von plangepreßter, naturbelassener **Korkeichenrinde**. Sie ist in Platten bis zu einer Größe von 100 cm × 50 cm beispielsweise im Zoofachbedarf erhältlich.

Zum Verkleiden von Terrarien eignen sich auch die sogenannten **Rindenschwarten** – besonders bei Regenwaldterrarien oder Behältern zur Pflege von Arten, die an Baumstämmen leben. Sie

Bei der Gestaltung der Rückwand eines Felsterrariums sollten keine Spalten entstehen, in denen sich die Tiere dem Zugriff ihres Pflegers entziehen können.

werden an den Seiten gerade abgesägt und mit Silikonkleber dicht auf die Seiten- oder Rückwand geklebt.

Schwieriger gestaltet sich demgegenüber schon die Einrichtung von Trocken- oder Wüstenterrarien. Optisch am schönsten, aber auch am natürlichsten wäre eine **Felswand,** die den Bewohnern gleichzeitig mehr Raum zum Bewegen böte. Als Materialien eignen sich zu diesem Zweck vor allem Moltofill (für außen) oder Fertigbeton. Beide sind in Baumärkten erhältlich und lassen sich leicht verarbeiten.

Zuerst klebt man als Imitation der eigentlichen Felswand einige Kork- oder Styroporstreifen auf die Wand. Dann legt man das Terrarium, wenn das möglich ist, auf die betreffende Seite und bestreicht die ganze Wand inklusive der Aufbauten dünn mit Moltofill oder Fertigbeton. Läßt sich das Becken nicht mehr bewegen, so rührt man die Spachtelmasse etwas dicker an und trägt sie dann vorsichtig auf die Wände auf. Damit das Terrarium nun nicht den typischen häßlich-grauen Betonfarbton aufweist, kann man das Material nach Wunsch zum Beispiel mit Eisenoxid – dann erhält man die Farbe Rot – oder anderen zementfesten Farben eintönen. Wem das immer noch zu trist ist, der kann die Oberfläche auch mit rotem Sand oder anderen Materialien bestreuen, um so eine rauhere Struktur zu erhalten. Für Felsbewohner kommt auch das Bekleben der Terrarienwänden mit dünnen Steinplatten in Frage.

Weiterhin lassen sich die Wände auch mit **PU-Schaum** (Polyurethan-Schaum) kaschieren, der als Füllmasse in Spraydosen erhältlich ist. Aber Vorsicht: Nicht alle Sorten sind für unsere Zwecke geeignet, da zahlreiche Bauma-

Im Bodengrund des Feuchtterrariums ist eine Drainageschicht unerläßlich.

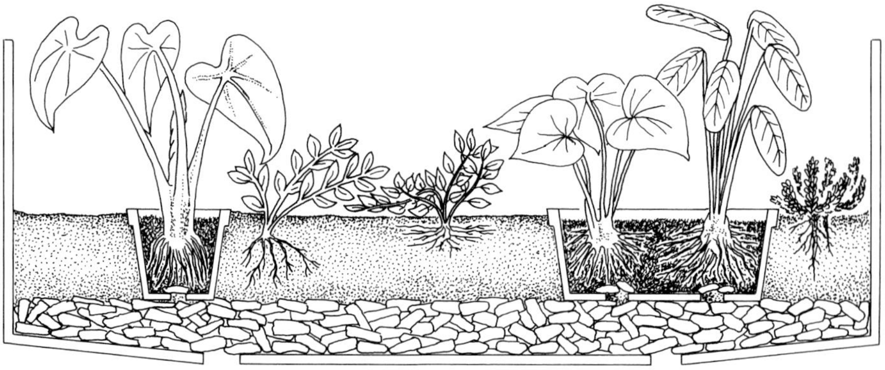

terialien auch nach langer Zeit noch Giftstoffe absondern. Da PU-Schaum in nicht ausgehärtetem Zustand immer giftig ist, sind entsprechende Vorsichtsmaßnahmen zu treffen.

Der Schaum kann nur auf flachliegende Scheiben aufgetragen werden, da er zwar gut klebt (am besten auf der Haut, von der er sich fast gar nicht ablöst), aber in sich instabil ist. In frischem Zustand läßt er sich sehr gut formen, aber auch später, wenn er ausgehärtet und stabil ist, ermöglicht er leicht eine weitere Bearbeitung durch Sägen oder Bohren und sogar eine Bepflanzung. Da PU-Schaum jedoch eine häßliche, künstlich wirkende Farbe aufweist, muß er in der Regel zusätzlich eingefärbt werden. Das Besprühen mit Autolack oder ähnlichem ist dabei natürlich Geschmacksache.

Sind die Wände fertig gestaltet, so wird als nächstes der **Bodengrund** in das Terrarium eingebracht. Die unterste Lage bildet bei bepflanzten Behältern immer eine Art Drainageschicht, die das überflüssige Wasser auffängt und an der man leicht erkennen kann, wann die Pflanzen wieder gegossen werden müssen. Sie sollte aus leichtem Material wie Styroporschnipseln oder Lecaton-Kugeln bestehen und etwa 2–3 cm hoch sein. Damit sich diese Schicht nicht mit der darüber liegenden Erdschicht vermischt, wird sie mit einer Lage Filterwatte oder ähnlichem Stoff abgedeckt.

Darüber füllt man nun die eigentliche Bodenschicht ein, die aus verschiedenen Materialien bestehen kann, zum Beispiel einem Sand-Torf-Gemisch, Garten- oder Blumenerde, Lehm und so weiter. In den meisten Fällen kommt ihrer Höhe keine entscheidende Bedeutung zu. Lediglich bei Arten, deren Weibchen regelrechte Legeröhren graben oder sogar in Wohnhöhlen leben, muß eine sehr hohe Bodenschicht vorhanden sein, die in sich eine gewisse Stabilität aufweist. Am stabilsten sind natürlich Gartenerde oder Lehm, aber teilweise reicht auch eine Mischung aus lockeren Substanzen aus, um einen stabilen Bodengrund zu erhalten, in dem die Pfleglinge leicht graben können. Einfacher gestaltet sich jedoch der Versuch, die Tiere an fertig gemauerte Gänge oder mit Erde gefüllte, abgedeckte Holzkisten zu gewöhnen. Bei der Pflege von stark grabenden Arten sollte man nie vergessen, Pflanzen nur in festen Blumentöpfen einzubringen.

Bei Wüsten- und Trockenterrarien kann man natürlich auf eine Drainageschicht verzichten. Als Bodengrund verwendet man hier Sand oder Lehm. Alle Pflanzen werden in Pflanzschalen in den Behälter gestellt, damit man beim Gießen nicht immer den gesamten Bodengrund durchfeuchtet. Optisch

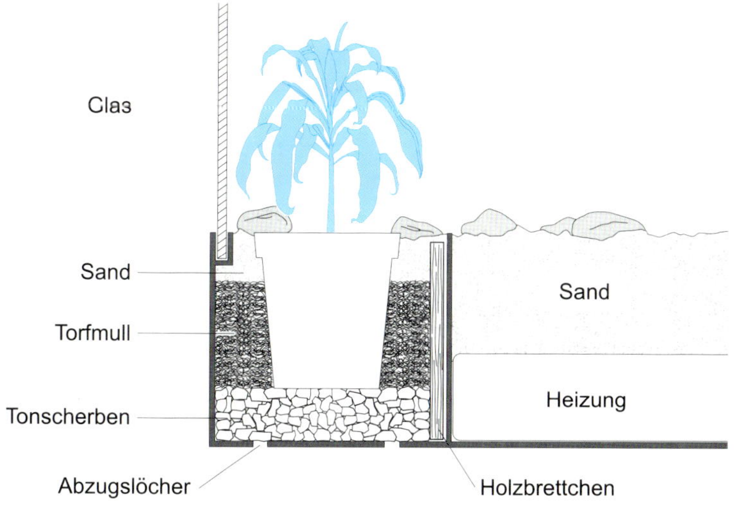

Pflanzen des Wüstenterrariums werden am besten in separaten Pflanzschalen untergebracht.

Kletteräste können mit dem Fuß in Beton eingegossen werden, damit sie sicher stehen.

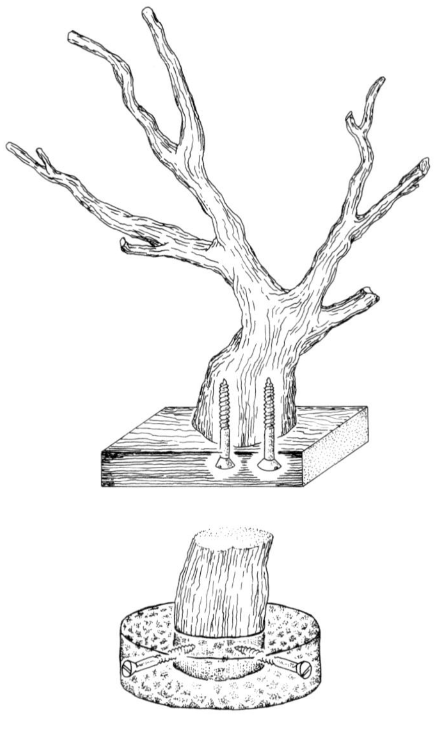

am schönsten wirkt natürlich roter Sand, den man in Deutschland zum Beispiel in der Eifel findet.

Zur **Eiablage** werden für kleine Reptilienarten flache, mindestens 5 cm hoch mit leicht feuchtem Substrat gefüllte Schalen in das Terrarium eingebracht, die man teilweise mit dünnen Steinplatten oder ähnlichem abdecken sollte. Da auch in Wüsten- und Trockenbehältern immer eine feuchte Stelle vorhanden sein muß, besprüht man bei diesen Terrarien immer nur eine Ecke, in der auch die nie fehlende Wasserschale steht. So haben die Tiere immer die Möglichkeit, eine feuchtere Stelle aufzusuchen.

In einem Regenwaldterrarium wird die Bodenschicht mit Laub, Moos, Rindenstücken oder dünnen Steinplatten abgedeckt, so daß die Bewohner die Möglichkeit haben, sich dazwischen zu verbergen. Bei trockenen Terrarientypen legt man auf den Boden einige dünne Steinplatten beziehungsweise Kork- oder Rindenstücke, die von den Tieren gerne als Versteck angenommen werden.

Als weitere Einrichtungsgegenstände kommen dann **Kletteräste**, alte, verwachsene Wurzeln, größere Steinaufbauten oder aber Epiphytenäste in das Terrarium. Die Äste sollten sorgfältig ausgewählt werden: Sie dürfen weder morsch sein noch eine allzu glatte Oberfläche besitzen. Besonders schön sind alte Wurzeln, die durch eine Vielzahl von Löchern und Gängen den Tieren eine ganze Reihe zusätzlicher Versteckmöglichkeiten bieten. Für große und insbesondere schwere Tiere muß man schon sehr dicke Äste oder gar dünne Baumstämme auswählen.

Als Alternative bieten sich auch große Korkröhren an, die im Handel teilweise mit einem Durchmesser von über 20 cm angeboten werden. Mit Beton ausgefüllt, stellen sie einen stabilen und nicht verrottenden Baumstammersatz dar. Wer auf das Gewicht achten muß, kann sie auch mit PU-Schaum ausfüllen, doch muß man dann wegen des fehlenden Eigengewichts für eine stabile Verankerung sorgen.

Alle der Natur entnommenen Äste und Wurzeln müssen vor dem Einbringen ins Terrarium gründlich gereinigt und getrocknet werden, um das Einschleppen von Schnecken, Asseln, Tausendfüßern, Drahtwürmern und anderen unerwünschten Tieren zu verhindern.

Leider fast ausschließlich bei der Haltung von kleineren grazilen und leichtgewichtigen Amphibien- und Reptilienarten eignen sich die sogenannten **Epiphytenäste** als Einrichtung, auf denen schöne Tillandsien, Orchideen oder kleine Farne kultiviert werden können. Für diesen Zweck kommen stark verwachsene Rebstöcke, aber auch andere dünne Wurzeln in Frage. Zur Bepflanzung eignen sich alle Epiphytengewächse. Sie werden entweder einfach mit Silikonkleber an einem Ast befestigt, oder man bettet die Wurzeln in *Sphagnum* (Torfmoos) ein und preßt in sie eine Astgabel; alternativ lassen sie sich auch mit durchsichtigem Nylonband aufbinden.

Schwieriger ist da schon die Integration von **Felslandschaften**. Da echte Steine sehr schwer sind, können sie nur in Terrarien verwendet werden, die einen soliden Unterbau aufweisen und deren Bodenscheibe völlig plan auf dem Unterbau aufliegt. Zusätzlich sollte der Behälter auf einer Hartschaummatte für Aquarien stehen, die kleinere Stöße abfangen kann. Wer nicht auf echte Steine im Terrarium verzichten will, muß mit ihrem Aufbau immer auf dem Boden beginnen, denn es kann leicht einmal vorkommen, daß grabende Insassen die Steine unterwühlen und dann von ihnen zerquetscht werden.

Einen schweren Aufbau aus Steinplatten muß man immer nach einem festen Plan ins Terrarium einbringen. Dabei werden die Steine in kleinen Einheiten aufgemauert, die leicht separat entnehmbar und gut zu kontrollieren sind. Den Zement kann man auch hier nach Wunsch mit Metalloxidfarben tönen, um ihm ein möglichst natürliches Aussehen zu verleihen. Bevor die derart mit einander verbundenen Steinaufbauten in das Terrarium eingebracht werden, bedürfen alle zementhaltigen Teile einer gründlichen Wässerung.

Wesentlich leichter und vielseitiger lassen sich da schon künstliche Felslandschaften gestalten. Man baut dazu ein Gerippe aus dicken Kork- oder Styroporplatten beziehungsweise -blöcken. Dieses kann man anschließend mit eingefärbtem Moltofill (für außen) oder mit Fertigbeton verputzen beziehungsweise durch das Aufstreuen verschiedener Materialien wie Sand zusätzlich verschönern.

Weiterhin besteht die Möglichkeit, das Terrarium mit einem kleinen **Zimmerspringbrunnen**, wie er in Hydrokulturanlagen verwendet wird, auszustatten. Zahlreiche Tiere trinken viel lieber bewegtes Wasser als stehendes aus Wassernäpfen. Die Installation erfordert natürlich einige besondere bauliche Vorrichtungen, wie etwa eine absolut wasserdicht und geschützt verlegte Stromzufuhr. Noch schöner ist ein kleiner **Bachlauf mit Wasserfall**, der in einem größeren Wasserbecken endet. Wenn man sich ohnehin schon für eine Kunstfelsenlandschaft entschieden hat, kann

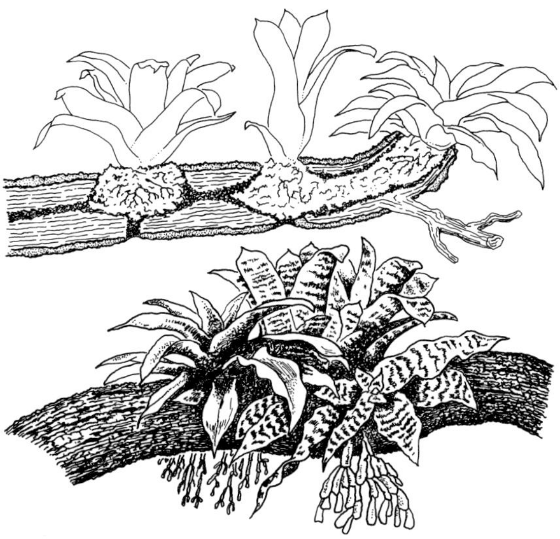

Schön bepflanzte Epiphytenäste wirken im Terrarium ausgesprochen dekorativ. Leider lassen sie sich nur bei der Pflege kleiner und leichter Tiere einsetzen.

man auch gleich einen Bachlauf oder Wasserfall vorsehen. Als Antrieb sollte ein sehr großer Kreiselpumpenfilter dienen. Aber auch das erfordert wieder viele bauliche Besonderheiten, etwa einen Abfluß aus dem Wasserbecken zum Filter und eine von dort versteckt zum Beginn des Bachlaufs zurückführende Wasserleitung.

Als **Wasserteil** des Terrariums eignet sich eine gebrannte und wasserdicht lackierte Tonschale. Wer sie nicht selbst anfertigen kann, sollte sich eine Vogeltränke für den Garten oder etwas ähnliches kaufen. Der große Vorteil ist, daß ihre Wände durchweg schräg nach außen verlaufen und somit ein Verlassen des Wasserteils erleichtern. Zusätzlich sollte man jedoch immer einen leicht ersteigbaren Ast über den Wasserteil legen, damit die Tiere an ihm notfalls leicht herausklettern können. Wenig geeignet sind ins Terrarium eingeklebte Wasserteile, da sie nur sehr schwer zu reinigen sind.

Komplizierter gestaltet sich demgegenüber der Einbau eines geeigneten Wasserteils in ein Großterrarium. Hierfür haben sich die besonders leichten, in verschiedenen Größen erhältlichen Plastikduschwannen bewährt, aber auch fertig geformte kleinere Gartenteiche kommen für diesen Zweck in Frage. Beide haben den Vorteil, daß sie bereits mit einem Abfluß versehen sind, wodurch die Reinigung und der Wasserwechsel erheblich vereinfacht werden. Auch hier sollte sich immer ein stärkerer Ast über dem künstlichen Wasserteil befinden, damit die Tiere leicht herausklettern können.

Auch in einem Wüstenbecken darf niemals eine flache Schale mit stets frischem Trinkwasser fehlen, obwohl die meisten Arten ihren Flüssigkeitsbedarf über die Nahrung decken. Für einige Baumbewohner ist es von Vorteil, wenn die Wasserschale etwas höher im Terrarium angebracht ist, zum Beispiel in einer Astgabel oder auf einem höheren Felsvorsprung.

Die richtige Bepflanzung des Terrariums

Die Terrarienbepflanzung spielt als Lebensraum für zahlreiche Tiere nur eine untergeordnete Rolle, da nur die wenigsten Arten wirklich auf sie angewiesen sind. Überdies vertauschen beispielsweise viele Geckos gern ihr natürliches Habitat, den Baumstamm, mit einer glatten Korkfläche an der Rückwand oder Seitenwand des Terrariums.

Die Bepflanzung dient folglich mehr der optisch-ästhetischen Gesamtwirkung. Sie kann aber auch wichtige Funktionen wahrnehmen: So läßt sich mit ihrer Hilfe das Innere des Terrariums durch geschickt plazierte Pflanzen in mehrere Reviere aufteilen. Bei vielen Arten bieten die Gewächse gleichzeitig auch eine Form natürlicher Deckung und Sichtschutz gegen Tiere der gleichen Spezies. Größere, dichte Pflanzen können im Terrarium sogar ein besonderes Kleinklima schaffen, das häufig dem Wohlbefinden unserer Pfleglinge sehr zuträglich ist.

Der Versuch, eine geographische Einheit von Tieren und Bepflanzung darzustellen, ist für eine artgerechte Haltung nicht notwendig. Auch trügt die Ansicht, daß diese nur bei genauer Nachgestaltung des natürlichen Lebensraums möglich wäre. Wie soll man auch sonst erklären, daß sich zahlreiche Arten in freier Natur problemlos an den neuen »Lebensraum« Müllhalde angepaßt haben und sich dort bester Gesundheit erfreuen? Dieses Biotop will aber sicher niemand in seinem Terrarium nachgestalten!

Bei dem Versuch, im Behälter einen geographischen Biotop zu imitieren, sollte man nicht vergessen, daß dieser in der Natur ein zusammenhängendes Ganzes ist, das sich aus Pflanzen, dem Untergrund sowie zahllosen Tierarten – insbesondere auch Raubfeinden – zusammensetzt, die in vielfältigen Beziehungen zueinander stehen. Man spricht in diesem Zusammenhang auch vom Ökosystem, das in einem Terrarium niemals zu realisieren ist.

Die meisten Terrarianer beschränken sich deshalb darauf, im Rahmen des jeweiligen Behälters gewissermaßen einen kleinen »Biotop im Wohnzimmer« zu schaffen, wobei dessen Bepflanzung auf möglichst naturnahe Weise die Artenvielfalt und Unübersichtlichkeit des Regenwaldes widerspiegeln soll. Dies ist ein nicht ganz leicht umzusetzendes Unterfangen, denn die Kultur von Tillandsien und Orchideen sowie zahlreichen kleinen Farnen erfordert ebensoviel Mühe und Erfahrung wie die Pflege der eigentlichen Terrarienbewohner. Auch sollte

Der Geweihfarn läßt sich gut zur Terrarienbepflanzung verwenden.

man niemals vergessen, daß sich nur kleinste und möglichst leichtfüßige Arten – zum Beispiel kleine *Anolis*-Spezies in Kombination mit einigen Laubfrosch- oder Dendrobatenarten – als Terrarienbesatz eignen. Wer also beabsichtigt, sein Augenmerk nicht nur auf die Pflege von Terrarientieren zu richten, sondern sich auch um die Bepflanzung bemühen will, sollte vorher einiges an einschlägiger Literatur studieren.

Aber selbst große Schlangen und Echsen lassen sich in sehr dekorativ bepflanzten Großterrarien pflegen. Hier wird der Eindruck weniger von der Artenvielfalt als vielmehr durch die Größe der Pflanzen geprägt, die zum Beispiel einen Wasserteil – möglichst mit Bachlauf oder Wasserfall im Zentrum – einrahmen oder überdachen. Selbst der Anblick eines trockenen Wüstenbeckens läßt sich mit Hilfe einiger hübscher Sukkulenten optisch erheblich verbessern. Allerdings ist die Auswahl der für ein Trocken- oder Felsterrarium – etwa zur Pflege von Tieren, die in Habitaten mit spärlichem Pflanzenwuchs, vor allem Gras vorkommen – geeigneten Pflanzen im allgemeinen schwieriger. Selbst die verschiedenen Zimmer- und Ziergräser weisen in der Regel in diesen Terrarien nur eine geringe Lebenserwartung auf. Deshalb sollte man auf andere Pflanzen aus Trockengebieten zurückgreifen, wie zum Beispiel die verschiedenen Aloe- und Echeverienarten.

Bei der Pflege von grabenden Tieren ist es, wie schon erwähnt, sehr wichtig, daß die Gewächse in festen, möglichst noch mit Steinen beschwerten Blumentöpfen oder aber in einer Pflanzenschale in das Terrarium gestellt werden, um ein Ausgraben oder Umkippen zu erschweren. Auf diese Weise kann man die Pflanzen auch gießen, ohne gleich den ganzen Behälter unter Wasser setzen zu müssen. Alle Terrarienpflanzen werden gesondert gegossen, da das tägliche Überbrausen des gesamten Beckens (zum Tränken der Tiere) für sie nicht ausreicht. Das Sprühwasser befeuchtet in der Regel nur die Oberfläche und ist nach einiger Zeit wieder vollständig verdunstet.

Aber auch für eine ausreichende Lichtversorgung muß gesorgt werden. Der ideale Standort einer Pflanze ist daher immer der hellste Platz im Terrarium, da sie bei Lichtmangel lange, dünne Triebe ausbildet, die leicht abbrechen und ihr ein unvorteilhaftes Erscheinungsbild verleihen. Auf das Düngen der Pflanzen kann man verzichten, da das von den Tiere auf natürliche Weise besorgt wird.

Bei Schädlingsbefall entfernt man gegebenenfalls die ganze Pflanze, denn selbst der Einsatz von sogenannten natürlichen Insektiziden ist immer bedenklich.

Nicht vergessen darf man, daß zahlreiche Terrarientiere Vegetarier sind und alles frische Grün nur als Bereicherung ihres Speiseplans ansehen. Jede Art von Bepflanzung ist hier vergebliche Liebesmühe, es sei denn, man kann die Gewächse so anbringen, daß sie von den Tieren nicht erreicht werden können.

Ernährung

Nachdem wir nun alle grundlegenden technischen Aspekte der Terraristik erörtert haben, wollen wir auf die wichtigsten übrigen Bedingungen einer artgerechten Haltung eingehen. Erfahrungsgemäß bereitet uns die Ernährung unser Pfleglinge im Terrarium leider häufig Probleme, was Untersuchungen an verendeten Tieren belegen. Grund dafür ist aber nicht etwa ein Mangel an verfügbaren Futtersorten, sondern vielmehr die weitgehende Ungewißheit in bezug auf das den Tieren zuträgliche beziehungsweise für sie notwendige Futter: Die Vielfalt der in Frage kommenden Futtersorten ist nämlich überaus groß.

Wer würde schon von sich aus darauf kommen, daß der Grüne Leguan – auch die Jungtiere dieser Art! – sich in freier Wildbahn rein vegetarisch ernährt (besonders angesichts der Tatsache, daß die Echsen im Terrarium gern auch an tierische Nahrung gehen). Dabei ist eine ausgewogene und hochwertige Ernährung – neben der artgerechten Unterbringung – einer der wichtigsten Aspekte der Terrarientierhaltung.

Nur einige wenige Arten sind derart ausgeprägte Nahrungsspezialisten (wie beispielsweise die leguanartigen Meerechsen [*Amblyrhynchus*] der Galapagos-Inseln, die sich ausschließlich von großwüchsigen Meeresalgen ernähren), daß eine Terrarienhaltung nicht möglich ist. Neben diesen absoluten Spezialisten gibt es allerdings noch eine ganze Reihe von Arten, die zwar in freier Wildbahn fast ausschließlich ganz bestimmte Futtertiere (etwa Ameisen und/oder Termiten) oder -pflanzen (wie zum Beispiel *Rhododendron*-Blätter) fressen, die aber hin und wieder andere Insekten erbeuten beziehungsweise andere Blätter anknabbern. Zu diesen »gemäßigten« Spezialisten gehören als bekannteste Beispiele die Krötenechsen der Gattung *Phrynosoma*, die Krötenkopfagamen (*Phrynocephalus* spp.) und – als Pflanzenspezialist – der Mondfalter (*Actias luna*), dessen Raupen sich ausschließlich von *Rhododendron*-Blättern ernähren.

Bei den genannten Echsen schwankt jedoch der Anteil der Ameisen am Futter von Art zu Art erheblich: Er beträgt bei *Phrynosoma coronatum* etwa 50 Prozent, während diese Insekten im Falle von *P. platyrhinos* sogar ungefähr 90 Prozent der Nahrung ausmachen können. Die Frage, weshalb Wildfänge der Krötenechsen im Terrarium ohne Ameisen zumeist nicht überleben, obwohl andere Futtertiere in ausreichenden Mengen vorhanden sind (und häufig auch gefressen werden), ist noch nicht hinreichend genau erforscht.

Man geht aber davon aus, daß die Ameisensäure eine entscheidende Rolle im Säurehaushalt des Verdauungstraktes spielt. So verenden Exemplare, deren Nahrungsangebot keinerlei Ameisen umfaßt, zumeist an Zersetzungserscheinungen des Magens. Trotz alledem ist es einzelnen Terrarianern gelungen, verschiedene Arten von Krötenechsen sehr erfolgreich zu halten und sogar zu vermehren. Sie verfütterten aber immer einen erheblichen Anteil an Ameisen. Andererseits scheint es sich bei der Krötenechsenspezies mit dem größten Verbreitungsgebiet (*Phrynosoma platyrhynos*) so zu verhalten, daß Tiere aus Regionen, in denen diese Insekten keinen nennenswerten Bestandteil der lokalen Gliederfüßerfauna ausmachen, keineswegs auf sie angewiesen sind und sie unter Umständen nicht einmal als Beutetiere registrieren.

Beim Verfüttern von Ameisen muß man immer darauf achten, daß sich nicht zu viele gleichzeitig im Terrarium befinden, denn in freier Wildbahn setzen sich die Echsen in der Regel direkt neben eine Ameisenstraße, wo sie genüßlich nach und nach einzelne Exemplare aus dem scheinbar endlos

Futterpflanzen dürfen nur von unbelasteten Standorten stammen und niemals mit Pestiziden oder Insektiziden behandelt worden sein.

dahinströmenden Insektenstrom herausfangen – niemals aber dienen sie diesen Kerbtieren als Tummelplatz. Manche Autoren empfehlen daher, ein Stück Zucker an einer Stelle des Terrariums zu plazieren, die möglichst weit vom Schlafplatz der Echsen entfernt ist.

Einige Insektenarten – wie die meisten Phasmiden – sind ebenfalls in hohem Maße Nahrungsspezialisten und akzeptieren häufig nur bestimmte Pflanzensorten. Diese dürfen überdies nur von möglichst unbelasteten Standorten stammen – wozu stark befahrene Straßen ebenso wenig wie Ackerflächen und Parkanlagen zählen, da man dort immer mit einer erheblichen Pestizid- oder Bleibelastung rechnen muß. Deshalb empfiehlt es sich, für diese Pflanzenfresser – vor allem im Hinblick auf den Winter – eine eigene Futterpflanzenzucht anzulegen.

Die Ernährung eines Grünen Leguans ist noch recht unproblematisch durch Einkäufe in der Gemüseabteilung eines größeren Lebensmittelgeschäftes zu bewerkstelligen, doch bereitet sie bei Stab- und Gespenstschrecken unter Umständen arge Probleme – vor allem, wenn gegen Ende des Winters nicht einmal mehr Brombeerblätter in ausreichender Menge zur Verfügung stehen. Zur Ernährung von Phasmiden eignet sich besonders eine eigene Futterpflanzenzucht mit Guave (auch Guajava-Baum, *Psidium guajava*), da sich die Pflanze leicht aus Samen heranziehen läßt und von den meisten Stab- und Gespenstschrecken als Nahrung akzeptiert wird.

Vor der Anschaffung derartiger Nahrungsspezialisten sollte man sich daher immer gut überlegen, ob man ihren spezifischen Ansprüchen – vor allem im Winter – überhaupt gerecht werden kann oder dies wirklich will.

Viele Insektenarten sind jedoch – was ihr Futter angeht – glücklicherweise als recht anspruchslos zu bezeichnen. So lassen sich etwa Grillen, Schaben und andere leicht mit Hundeflocken auf pflanzlicher Basis ernähren.

Köhler (1991) empfiehlt für den Grünen Leguan folgende Mischung:
- 40–70% Blätter, Kräuter, Keimlinge und Sprossen
- 10–15% geriebene Karotte
- 0–5% sonstiges Gemüse (Gurke, Paprika, Tomate)
- 10–15% Früchte (30% sollten nie überschritten werden)
- 3–5% Haferflocken
- 2% Hefeflocken
- 2% Weizenkeime
- 0,5–1% Korvimin ZVT

Ein Teil der großen Echsenarten (die sogenannten herbivoren Spezies) lebt nahezu ausschließlich – oder doch wenigstens zu einem erheblichen Prozentsatz – von pflanzlicher Nahrung. Besonders gut ist dieses Phänomen allerdings bisher nur beim Grünen Leguan (*Iguana iguana*) untersucht. So zeigten Mageninhaltsanalysen an freilebenden Tieren, daß alle Leguane – unabhängig von der jeweiligen Altersklasse – ausschließlich vegetarische Kost zu sich genommen hatten, deren Hauptanteil verschiedene Baum- und Lianenblätter bildeten.

Anders als bei fast reinen Pflanzenfressern bildet tierisches Eiweiß einen festen Bestandteil der Nahrung zahlreicher Echsen. Jungtiere dieser Arten fressen sogar häufig ausschließlich Insekten.

Allerdings ist der Verzehr von Pflanzen und Pflanzenteilen nicht etwa – wie man vielleicht meinen könnte – an die Größe der jeweiligen Echsenart gebunden. Krokodile sind zum Beispiel reine Fleischfresser, und auch die meisten Warane ernähren sich räuberisch. Auf der anderen Seite gibt es auch unter den kleinen Arten eine ganze Reihe von herbivoren Spezies, so etwa den nordamerikanischen Wüstenleguan *Dipsosaurus dorsalis*.

Was kann man nun eigentlich pflanzenfressenden Echsen anbieten? In Frage kommen die unterschiedlichsten Futterpflanzen – wichtig ist nur, daß sie garantiert frei von Insektiziden oder Herbiziden und auch ansonsten unbelastet sind. Verfüttert werden abwechselnd beispielsweise Blatt- und Feldsalat, Breit- und Spitzwegerich, Gänseblümchen, Gurke, Himbeerblätter, Karotten, Klee, Lauch, Löwenzahn, Milchdistel, Oregano, Paprika, Pimpinelle, Salbei, Taubnessel, Tomate, Vogelmiere, Weinlaub, Zitronenmelisse sowie Keimlinge und Sprossen aller Art (Näheres dazu unten). Daneben eignen sich zur Ernährung unserer Pfleglinge auch die verschiedensten Früchte wie Apfel, Apfelsine, Banane, Birne, Erd-, Him- und Brombeere, Kirsche, Kiwi, Melone, Pfirsich, Pflaume, Weintraube und ähnliche.

Nicht alle Arten akzeptieren indes die ganze Angebotspalette. Man muß schon individuell ausprobieren, was die Tiere freiwillig fressen oder ablehnen. Häufig werden besonders gern gelbe Blüten verzehrt, wie zum Beispiel Löwenzahn. Man sollte sich jedoch immer davor hüten, nicht abwechslungsreich genug zu füttern, da die Tiere sich sonst unter Umständen schnell an eine Sorte gewöhnen können und dann jede andere ihnen angebotene Kost verweigern.

Die zu verfütternden Blätter reinigt man immer unter fließendem Wasser gründlich und stellt sie in einer Schale in das Terrarium, da die Echsen das Futter in der Regel nicht mehr beachten, wenn es erst einmal mit Sand verunreinigt ist. Auch Gemüse – wie zum Beispiel Karotten – wird zunächst gesäubert und anschließend am besten geraspelt. Desgleichen sollte man Obst in Stücke geschnitten und in einer Schale anbieten. Da die Tiere selten alle Bestandteile des Futters gleich gern fressen, kann man versuchen, sie durch geschicktes Mischen zum Akzeptieren selbst eher ungeliebter Sorten zu bewegen.

Im Winter bereitet eine abwechslungsreiche Ernährung häufig Schwierigkeiten, da nur Treibhausware zur Verfügung steht. Eine gesunde Alternative bilden in diesem Falle selbstgezogene Keimlinge und Sprossen, die in den verschiedensten Keimgeräten herangezogen werden können. Der große Vorteil dieser käuflichen Apparaturen besteht darin, daß man im Gegensatz zur herkömmlichen Keimlingszucht – bei der Weizenkeimlinge auf Zeitungspapier gezogen werden – auch die Wurzeln verfüttern und überdies den Zeitaufwand in Grenzen halten kann. Ferner bietet sich zur Zucht von Keimlingen und Sprossen eine große Auswahl verschiedener Samenarten an, zum Beispiel Erbse, Gerste, Kresse, Leinsamen, Linse, Luzerne, Mungbohnen, Rettich, Roggen, Senf, Sonnenblume, Weizen und andere.

Selbstgezogene Keimlinge und Sprossen bilden im Winter eine gute Alternative zu gekauften Futterpflanzen.

Als Nahrung ungeeignet sind hingegen alle Pflanzen, die Oxalsäure enthalten; dazu gehören etwa Rhabarber, Sauerampfer und Spinat. Die Oxalsäure reagiert nämlich mit den Calciumionen des Blutes zu Calciumoxalat und führt so zu einer Senkung des Blutcalciumspiegels, die wiederum eine Veränderung der Gerinnungszeit und Kreislaufschäden zur Folge haben kann.

Die Hauptnahrung der europäischen Landschildkrötenarten besteht aus den verschiedensten krautigen Wildpflanzen, wie verschiedenen Gräsern, Klee, Löwenzahn, Milchdistel, *Sedum*, Vogelmiere, Wegerich, Winde, aber auch aus ungespritztem Gemüse wie Bohnen, Kohl, Möhren und Tomaten sowie reifem Obst wie Äpfeln, Birnen, Brombeeren, Erdbeeren, Kirschen und Pflaumen. Bei Steinobst sollte vor dem Verfüttern immer der Kern entfernt werden.

Nur in Ausnahmefällen – und als Abwechslung im Winter – werden Graupen, Haferflocken, gekochte Kartoffeln oder Reis angeboten. Das gleiche gilt für Baby- oder Kleinkinderbreie, die ein gutes Beifutter darstellen. Viele Tiere weisen bestimmte Vorlieben auf, zum Beispiel für Bananen. Diesen Umstand sollte man sich zunutze machen, indem man die jeweilige Nahrung nur sehr selten verfüttert, zum Beispiel, wenn einmal ein Medikament verabreicht werden muß.

Sehr wichtig ist bei der vegetarischen Ernährung, daß dem Futter jedesmal ein

Oft lassen sich Terrarientiere nicht ohne Anlage einer eigenen Futtertierzucht ausreichend und gesund ernähren.

Vitamin-Mineralstoff-Aminosäuren-Gemisch beigemengt wird. Dieses streut man einfach über die Blätter oder mischt es unter den Obst-Gemüse-Salat.

Ferner darf nicht außer acht gelassen werden, daß sich bei zahlreichen Insektenarten Larven und Adulti völlig unterschiedlich ernähren. Die Engerlinge vieler Frucht- und Rosenkäfer leben im Waldboden, wo sie morsches Holz und andere Pflanzenteile fressen. Im Gegensatz dazu verzehren die ausgewachsenen Kerfe normalerweise Bananen und andere überreife Obstsorten.

Der weitaus größte Teil unserer Terrarientiere ernährt sich jedoch als Räuber von den unterschiedlichsten Insekten, Gliedertieren, Echsen und/oder Kleinsäugern. Aber selbst diese Arten nehmen zu einem Großteil auch pflanzliche Nahrung zu sich: So schlecken beispielsweise viele *Anolis*-, Eidechsen- oder Geckoarten gern gelegentlich Obstbrei (wie die entsprechende handelsübliche Kindernahrung), während viele bodenbewohnende Echsen eher Blätter und Blüten bevorzugen.

Die Ernährung unserer Pfleglinge mit lebenden Insekten bereitet heutzutage keinerlei Schwierigkeiten mehr, kann man doch in zahlreichen Zoofachgeschäften eine breite Palette unterschiedlichster Futtertiere erwerben. Überdies liefern auf Futterzuchten spezialisierte Versandhandlungen ihr Angebot auf Wunsch im Abonnement (Adressen entsprechender Firmen finden Sie in den Fachzeitschriften, wie der DATZ, Elaphe, Herpetofauna, Reptilia und anderen).

Die optimale Lösung ist indes nach wie vor die eigene Futterzucht. Nur sie garantiert, daß die Insekten immer ein hochwertiges Futter darstellen, denn auch hier gilt: Nur durch eine möglichst hochwertige und abwechslungsreiche Ernährung der Futterinsekten läßt sich eine entsprechende Qualität erzielen, welche die im Vergleich mit der Natur doch stets gegebene Einseitigkeit auszugleichen vermag. Außerdem ist man dann unabhängig von Engpässen bei den Lieferanten oder witterungsbedingten Ausfällen beim Transport.

Allerdings wollen wir an dieser Stelle auch die zahlreichen Nachteile einer eigenen Futterzucht nicht verschweigen: So ist sie immer mit einem gewissen Zeitaufwand – der oftmals der Pflege der eigentlichen Terrarientiere entspricht – sowie einer unter Umständen erheblichen Lärm- und Geruchsbelästigung verbunden, die leicht zur Störung so manchen Hausfriedens führen kann. Ausführliche Anleitungen finden sich in dem Buch »Futtertierzucht« von Friederich & Volland (1998). Entsprechende Kurzanleitungen finden sich unter anderem auch bei Henkel & Schmidt (1991), so daß wir hier auf eine entsprechende Darstellung verzichten wollen.

Nur ein kleiner Tip zur Überbrückung kurzer Engpässe sei gestattet: Bei kleinen und mittelgroßen Echsen, zahlreichen Amphibienarten und fast allen räuberischen Gliederfüßern empfiehlt sich das Verfüttern von Goldfliegen. In jedem Angelfachgeschäft kann man die sogenannten Pinky-Maden als Fischköder kaufen. Diese Maden stellt man einfach warm, bis sich alle verpuppt haben und schüttet dann die Puppen in einen mit Sägespänen gefüllten Schlupfkasten. Dort werden die frisch geschlüpften Fliegen mindestens drei Tage lang mit vitaminisiertem Trinkwasser, Milchpulver, Honig und Rübenkraut ernährt, ehe man sie verfüttert.

Zur Ernährung von räuberischen Terrarientieren eignen sich – je nach Größe – flugunfähige Kleine und Große Taufliegen (*Drosophila*), verschiedene Fliegenarten, Getreideschimmelkäfer sowie deren Larven, Mehl- und Wachsmotten samt Raupen, Mehlkäfer und deren Larven, Larven des großen Schwarzkäfers, verschiedene Arten von Grillen, Heimchen und Schaben, Wanderheuschrecken, Ameisen, Schnecken, Würmer, Spinnen, Mäuse, Küken und andere. Auch hier gilt es, möglichst abwechslungsreich zu füttern, damit die Tiere keine unliebsamen Vorlieben entwickeln.

Als Fütterungszeit empfiehlt sich bei den tagaktiven Arten der späte Vormittag, da sich die Tiere dann bereits auf ihre Vorzugstemperatur erwärmt haben und volle Aktivität zeigen, bei den dämmerungs- und nachtaktiven Spezies hingegen der späte Abend. Das ist besonders wichtig, damit die Terrarientiere sofort an das Futter gehen und die Beute keine Gelegenheit hat, das Vitamingemisch vorher herunterzuputzen. Grundsätzlich hat man dabei zwei Möglichkeiten: Entweder schüttet man die Insekten einfach in den Behälter, in dem unsere Pfleglinge ihre Beute anschließend selbst erjagen müssen. Da Terrarientiere häufig an Bewegungsmangel leiden, sollte diese Methode immer der zweiten vorgezogen werden.

Noch günstiger ist es, wenn man anstelle einiger weniger großer Futtertiere zahlreiche kleinere verfüttert. Häufig wird dieses Angebot von den Terrarienbewohnern gerne angenommen. Aber diese Art der Fütterung hat auch Nachteile: so schließen etwa die Behälter in den seltensten Fällen so dicht, daß nicht doch einmal ein Futtertier entkommen kann. Außerdem hat man keine Kontrollmöglichkeiten, was beispielsweise bei der gemeinsamen Aufzucht oder einer Vergesellschaftung mehrerer Arten dazu führen kann, daß weniger agile oder unterdrückte Tiere nicht genügend Futter erhalten. Deshalb sind einige Terrarianer dazu übergegangen, ihre Pfleglinge individuell unter Zuhilfenahme einer Pinzette zu füttern. Jedes Insekt wird damit ergriffen und dem Tier vorgehalten. In der ersten Zeit bedarf es zwar einer gewissen Übung beziehungsweise Gewöhnung auf Seiten des Pflegers und des Pfleglings, doch stellt sich diese in der Regel nach wenigen Tagen ein. Die Nachteile dieser Fütterungsart liegen in der fehlenden Bewegung – da alle aufwendigen Verfolgungsjagden unterbleiben – und im vergleichsweise hohen Zeitaufwand.

Gehen unsere Tiere trotz großer Auswahl nicht von selbst an das Futter (zum Beispiel, weil sie krank oder gestreßt sind), so müssen sie zwangsgefüttert werden. Diese Alternative ist aber immer nur die letzte Notlösung, da sie einen ziemlich gewaltsamen Eingriff darstellt – abgesehen davon, daß sie bei vielen Arten gar nicht praktikabel ist. Verfüttern lassen sich auf diese Weise nur weiche oder kleine Insekten, die vorher durch Zerdrücken des Kopfes getötet werden müssen.

Die Zwangsfütterung von Terrarientieren kann immer nur eine Notlösung darstellen.

Besser ist es jedoch, wenn man erst einmal versucht, den Appetit des betroffenen Tieres durch die Verabreichung von abgeschwächten positiven Darmbakterien anzuregen. Diese erhält man beim Tierarzt in Gestalt des Präparates Bird Bene-Bac.

Schlangen ernähren sich in freier Wildbahn – je nach Herkunft und Größe – von den unterschiedlichsten Tieren. Zu ihrem jeweils artspezifischen Beutespektrum gehören Amphibien, Fische, Kleinsäuger (wie Mäuse, Ratten, Kaninchen und ähnliche), Reptilien und Vögel. Oftmals erbeuten sie – vor allem als Jungtiere – auch Wirbellose. Daneben gibt es einige Arten wie die nordamerikanische Grasnatter (*Opheodrys vernalis*), die sich zeitlebens von Insekten ernähren. Die ungiftigen Schlangen ergreifen ihre Beute mit den Kiefern. Je nach Größe wird das Opfer mit mehreren Körperwindungen umschlungen und erdrosselt, oder es wird einfach mit den Kiefern festgehalten und (notfalls unter zusätzlichen Umschlingungen) gegen den Boden gedrückt, bis der Tod eintritt.

Ist die Schlange sehr hungrig und handelt es sich um wenig wehrhafte Beutetiere (wie zum Beispiel Frösche), so können diese auch bei lebendigem Leib verschlungen werden. Giftschlangen hingegen setzen einfach ihren Giftbiß und halten kleinere Beutetiere bis zum Eintreten des Todes fest, oder sie verfolgen das gebissene Opfer bis zu dem Platz, wo es verendet. Sobald sich die Beute nicht mehr bewegt, läßt die Schlange von ihr ab und bezüngelt sie sorgfältig. Dann wird sie mit dem Kopf voran verschlungen. Der Schlingakt wird durch einen für die Schlangen spezifischen Mechanismus ermöglicht: Dank der Beweglichkeit der Unterkieferknochen gegenüber dem Gaumen-

Amphibien und Reptilien müssen meistens zusätzlich zur Nahrung Vitamine, Mineralstoffe und Aminosäuren erhalten.

dach wird die Beute durch abwechselndes Verschieben dieser Elemente langsam im Maul nach hinten geschoben. Gleichzeitig spreizen sich die Unterkieferknochen immer weiter auseinander, so daß sie eine Art großen Trichter bilden. Ist das Beutetier an der Rachenöffnung angelangt, wird es mittels wellenförmiger Bewegungen der Wirbelsäule in die Speiseröhre gezogen.

Vieldiskutiert ist die Frage, ob adulte Mäuse und Ratten lebend oder tot verfüttert werden sollten. Oft wird zugunsten einer Verfütterung toter Exemplare angeführt, daß lebende Kleinnager imstande seien, die Schlangen zu verletzen. Dies trifft zwar im Prinzip zu, doch ist die Wahrscheinlichkeit eines solchen Zwischenfalls eher gering. Allerdings sollte man den Freßakt stets beobachten und nicht sofort gefressene Ratten notfalls rechtzeitig aus dem Terrarium entfernen, da sie die Schlange sonst wirklich einmal durch Benagen schädigen könnten. Das kann man aber auch dadurch unterbinden, daß man etwas Nagetierfutter ins Terrarium stellt.

Pflegt man seine Tiere paarweise, so sollten sie unbedingt vor jeder Fütterung getrennt werden, denn wenn sich zwei Schlangen gleichzeitig in ein Beutetier verbeißen – gleich, ob lebend oder bereits tot – werden sie sich sofort um dieses und ineinander verschlingen. Normalerweise läßt eine Schlange die einmal ergriffene Beute erst los, wenn diese aufgehört hat, sich zu bewegen. Erbeuten nun zwei Tiere die gleiche Maus, so spürt jede die Anstrengung der anderen, und sie lassen die Beute nicht los, da sie weiterhin denken, sie lebe noch.

Getränkt werden die meisten unserer Pfleglinge durch tägliches – je nach Art auch häufigeres – Überbrausen des gesamten Terrariums. Zusätzlich sollte sich in jedem Behälter eine kleine Trinkschale befindet, die für Bodenbewohner auf der Erde, für Baumbewohner hingegen am günstigsten an einem Ast angebracht wird. Selbstverständlich erhalten alle Tiere täglich frisches Wasser.

Vitamine, Mineralstoffe und Aminosäuren

Die nachstehenden Ausführungen gelten nur für Amphibien und Reptilien, da man Wirbellose auch ohne derartige Zusätze problemlos mit hochwertigem Futter ernähren kann. Wenn man das schier unübersehbare Angebot an verschiedenartigen Futtertieren und -pflanzen in der Natur mit dem kümmerlichen Angebot im Terrarium vergleicht, wird sofort klar, daß wir die Nahrung entsprechend aufwerten müssen, um eine wirklich hochwertige Ernährung zu gewährleisten. Hierzu wird das Futter mit einem Vitamin-Mineralstoff-Aminosäuren-Gemisch (wie zum Beispiel Korvimin ZVT, einem von der Wirtschaftsgenossenschaft Deutscher Tierärzte eG, Hannover, hergestellten und über die Apotheke oder den Tierarzt zu beziehenden Präparat) gut eingestäubt.

Diese Maßnahme ist insofern besonders wichtig, als unser angebotenes Futter ansonsten auch noch ein unausgeglichenes Calcium-Phosphor-Verhältnis aufweist, das mit Hilfe eines Mineralstoffgemischs nach Möglichkeit ausgeglichener gestaltet werden sollte. Besser wäre sogar ein leichtes Überwiegen des Calciumanteils. Ein natürliches Übergewicht dieser Komponente besteht etwa bei Mäusebabys, weshalb die Pfleger von Schlangen, Krokodilen, Waranen und ähnlichen Reptilien, die Kleinsäuger als Futter beanspruchen, auch weitaus geringere Probleme mit an Rachitis erkrankten Tieren haben. Unsere Futterinsekten weisen häufig ein Calcium-Phosphor-Verhältnis von 1 : 9 auf, das man durch ausschließliches Verfüttern von Karotten als Feuchtfutter oder durch Calciumlactat-Beimischungen zum Futter erheblich aufbessern kann. Allerdings ist die nochmalige Aufwertung der Nahrungstiere durch Einstäuben unerläßlich.

Zusätzlich zum Einstäuben der Futterinsekten muß man in jedem Echsenterrarium Calcium in verschiedenen Formen anbieten, damit es die Tiere jederzeit aufnehmen können. Die Palette der Möglichkeiten reicht von einem mit Kalzan D_3 gefüllten Schälchen über in kleine Stücke gebrochene *Sepia*-Schale bis hin zu Muschelgrit (im Vogelzubehörhandel erhältlich), das auf dem Boden verstreut wird. Da selbst das für einige Arten noch nicht ausreicht, sollte man entweder dem Trinkwasser regelmäßig eine Vitaminmischung zusetzen oder den Tieren etwa einmal pro Woche – je nach Größe – gezielt 0,01 bis mehrere Tropfen Multi Mulsin N (apothekenpflichtig) verabreichen.

Welche Tiere eignen sich für den Einsteiger?

Nachdem wir nun alle geeigneten Tiergruppen kurz vorgestellt haben und ausführlich auf das Terrarium – gegliedert nach Typ, Klima und Einrichtung – sowie die Ernährung eingegangen sind, stellt sich natürlich die Frage: Welche Terrarientiere sind dem Einsteiger wirklich zu empfehlen? Auch dieses Problem läßt sich nicht pauschal lösen, hängt die Antwort doch in erster Linie von den eigenen Möglichkeiten und dem Willen zu ihrer Umsetzung ab. Was nützt uns schon die Empfehlung eines bestimmten Tieres, wenn unser Herz an einer ganz anderen Art hängt? Dann stellt sich nämlich die berechtigte Frage, ob ein weniger geliebtes Tier wirklich mit der gleichen Inbrunst

Wer ein **Chamäleon** halten möchte, sollte möglichst mit dem Jemen-Chamäleon (*Chamaeleo calyptratus,* Seite 37) beginnen.
Unter den **Geckos** empfehlen wir den Leopardgecko (*Eublepharis macularius,* Seite 34) – obwohl diese Art eine kühlere Haltungsphase benötigt – oder den Großen Madagaskar-Taggecko (*Phelsuma madagascariensis grandis,* Seite 32).
Bei den **Schlangen** käme die Kornnatter (*Elaphe guttata,* Seite 56) und – bei den Riesenschlangen – die Abgottschlange (*Boa constrictor,* Seite 50) in Frage.
Unter den **Agamen** läßt sich in erster Linie die Wasseragame (*Physignathus concincinus*) empfehlen.
Aus der Gruppe der **Leguane** schlagen wir einmal den Rotkehl-*Anolis* (*Anolis carolinensis*) sowie den Steifenbasilisken (*Basiliscus vittatus*) vor.
Unter den **Landschildkröten** eignet sich die Griechische Landschildkröte (*Testudo hermanni,* Seite 58), bei den **Sumpfschildkröten** hingegen die Rotwangen-Schmuckschildkröte (*Trachemys scripta elegans,* Seite 60) zur Pflege.
Als Anfängertier kann unter den **Schwanzlurchen** der ostasiatische Krokodilmolch (*Tylotriton verrucosus,* siehe auch Seite 26) gelten.
Unter den **Pfeilgiftfröschen** empfehlen wir den Baumsteiger *Dendrobates tinctorius,* Seite 23, unter den **Laubfröschen** den Kubalaubfrosch (*Osteopilus septentrionalis*).
Unter den **Skorpionen** ist vor allem der Kaiserskorpion (*Pandinus imperator*) geeignet.
Bei den **Vogelspinnen** ist die Art *Avicularia avicularia* zu nennen.
Unter den **Gottesanbeterinnen** gilt unsere Empfehlung der Blütenmantis (*Creobroter pictipennis,* Seite 17).
Unproblematisch zu pflegen und überaus fruchtbar ist die **Gespenstschrecke** *Extatosoma tiaratum* aus Australien.
Ûnter den **Heuschrecken** wäre die Schaumschrecke (*Aularches milliaris*) zu nennen.
Auch andere Arten können jedoch durchaus geeignet sein. Eine große Auswahl finden Sie bei den Artenbeschreibungen.

gehegt würde, die man bei der bevorzugten Art zu investieren bereit wäre.

Und doch gibt es echte »Anfängertiere«, die man als solche empfehlen kann, wenn unser Wusch nur darauf abzielt, einen Gecko, eine Schlange oder eine Gottesanbeterin zu pflegen. Dann kann man durchaus sagen, daß die eine oder andere Art niedrigere beziehungsweise höhere Ansprüche an den Pfleger stellt. Doch auch bei solchen Äußerungen halten wir uns lieber zurück, denn was sich bei einem Terrarianer problemlos über Generationen realisieren läßt, ist beim anderen noch lange nicht von Erfolg gekrönt. Trotz allem wollen wir hier eine gewisse Entscheidungshilfe geben.

Die Anschaffung von Terrarientieren

Wenn man Tiere aus Nachzuchten erwirbt, ist der Züchter meist gern bereit, Auskünfte über Pflege und Vermehrung zu geben.

Die wohl gerade für den Anfänger wichtigsten Fragen lauten:
- Woher bekomme ich die gewünschten Tiere?
- Wie erkenne ich, ob sie gesund sind?

In den meisten Fällen dürfte zumindest die erste Frage wohl kaum noch Probleme aufwerfen, hält doch der Zoofachhandel ständig eine breite Palette von interessanten Tiere bereit. Schwieriger gestaltet sich da schon die Beschaffung selten importierter oder nachgezogener Arten. Wer sich derartige Tiere wünscht, sollte versuchen, sie von anderen Liebhabern zu erwerben. Diese können dann auch gleich alle notwendigen Informationen zur Pflege geben und weitergehende Fragen beantworten.

Die Deutsche Gesellschaft für Herpetologie und Terrarienkunde (DGHT, Geschäftsstelle, Postfach 1421, D-53351 Rheinbach) ist die Vereinigung vieler Terrarianer und herpetologisch interessierter Menschen in ganz Deutschland. Sie gibt viermal im Jahr ein Anzeigenjournal mit zahlreichen Annoncen heraus, in denen man mit etwas Geduld sicher die gewünschte Art findet. Innerhalb der DGHT haben sich die unterschiedlichen Liebhaber zu Arbeitsgemeinschaft zusammengeschlossen, von denen man neben Auskünften über die Halter bestimmter Arten auch weitere Informationen beziehen kann.

Leider sind nicht alle Zoofachhändler tatsächlich in der Lage, ihre Kunden umfassend zu beraten und ihnen wirklich nur geeignete Arten zu verkaufen. Um sich schon beim Kauf spätere Enttäuschungen zu ersparen, sollte man einige grundsätzliche Regeln befolgen:

Selbstverständlich fragt man nach dem wissenschaftlichen Namen (um gegebenenfalls einmal etwas in der Fachliteratur nachlesen zu können) und der genauen Herkunft der Tiere, denn nur wenn man den exakten Fundort kennt, lassen sich Rückschlüsse auf die klimatischen Ansprüche der betreffenden Art ziehen. Sehr hilfreich können hier Klimakataloge sein, zum Beispiel Müller (1983) und Brockhaus. Wesentlich risikoloser ist natürlich der Erwerb von Nachzuchten bei anderen Liebhabern, die man persönlich nach ihren Erfahrungen befragen kann.

Auch eine gesundheitliche Inspektion der Neuerwerbung, die natürlich nur recht oberflächlich ausfallen kann, sollte unbedingt vor der Anschaffung durchgeführt werden. Hier lassen sich leider keine Patentrezepte geben, sondern nur Anhaltspunkte: Beispielsweise sind lebhaft umherlaufende Echsen den apathisch in der Ecke sitzenden immer vorzuziehen. Die Haut der Tiere muß frei von Verletzungen, Geschwülsten und Pilzinfektionen sein. Auch sollten sich möglichst keine Häutungsreste mehr am Körper befinden. Kleinere vernarbte Wunden oder regenerierte Schwänze stellen hingegen nicht unbedingt negative Kriterien dar. Bei Wirbellosen sollten noch alle Gliedmaßen unbeschädigt vorhanden sein.

Der Atem hat leicht und frei zu sein, und aus den Nasenlöchern darf kein Schleim austreten. Auch sollten die Augen keine Absonderungen aufweisen und nicht zu tief in den Höhlen liegen. Zeigen sie hier kein falsches Mitleid, sonst wird es ihnen später leid tun – Freude bereiten nur gesunde und kräftige Tiere! Aber auch wenn Sie all dies beachten, gehört noch eine gewisse Portion Glück dazu, ein gesundes und einwandfreies Tier zu erwerben.

Fortpflanzung

Wir wollen im folgenden einen Überblick über die Fortpflanzung von Terrarientieren geben, soweit es in diesem Rahmen überhaupt möglich ist. Gerade in unserer durch fortschreitende Biotopzerstörung und damit verbundene Bestandsabnahmen gekennzeichneten Zeit kommt der erfolgreichen Nachzucht im Terrarium eine existentielle Bedeutung zu. Nur sie sichert auch die zukünftige Pflege, da zahlreiche Arten binnen kurzem in der freien Natur ausgestorben sein werden oder ein Rückgriff auf diesen natürlichen Bestand verboten oder nicht mehr möglich sein wird beziehungsweise schon ist. Um einige Arten wenigstens als Terrarientiere in Zoos und bei Terrarianern zu erhalten, wird es daher unumgänglich sein, sich in einem gewissen Rahmen zu Zuchtgemeinschaften oder ähnlichen Interessengruppen zusammenzuschließen.

Das bedeutet aber auch für jeden einzelnen Terrarianer, daß er sich auf eine möglichst geringe Anzahl von Arten beschränken muß und – wenn irgend möglich – eine größere Anzahl von Individuen und Zuchtpaaren pflegen sollte, um einer genetischen Verarmung nach Kräften vorzubeugen.

Ein weiterer positiver Effekt dieser Spezialisierung liegt sicher darin, daß sich auf diese Weise auch der heute vielfach noch recht dürftige Wissensstand über die Ansprüche und Lebensweise unserer Tiere erheblich erweitern läßt. Schon jetzt ist der Anteil der privaten herpetologischen Forschung an der Gewinnung neuer Erkenntnisse nicht zu unterschätzen.

Ferner ist es von ganz besonderer Wichtigkeit, bei den Nachzuchten eine gewisse Auslese zu betreiben. Das fängt bereits beim Schlupf der Jungtiere an: So sollten alle Nachzuchten, die nicht aus eigener Kraft aus dem Ei schlüpfen, darin belassen werden. Sind die kleinen Tiere jedoch bereits geschlüpft oder geboren, so müssen alle mit Mißbildungen versehen Exemplare und die sogenannten Kümmerlinge sofort aussortiert werden, denn weitere Nachzuchten sollten nur mit gesundheitlich einwandfreien und kräftigen Tieren erzielt werden.

Geschlechtsunterschiede

Eine in den meisten Fällen unabdingbare Voraussetzung für eine erfolgreiche Nachzucht von Terrarientieren ist, daß man von einer Art zweifelsfrei ein Pärchen besitzt. Das setzt wiederum voraus, daß man die Geschlechter mit Gewißheit bestimmen kann. Nun bilden aber die Wirbellosen, Amphibien und Reptilien sehr vielgestaltige sekundäre Geschlechtsmerkmale aus, so daß sich eine umfassende Antwort auf die Frage nach dem Geschlecht der Tiere gar nicht geben läßt.

Färbung und Körperproportionen geben oft Hinweise auf das Geschlecht eines Terrarientieres.

Bei vielen Arten sind die Unterschiede im Aussehen zwischen den Geschlechtspartnern so beträchtlich, daß man sie schon auf einen flüchtigen Blick hin auseinanderhalten kann. Männchen und Weibchen sind unterschiedlich gefärbt und/oder gezeichnet beziehungsweise variieren enorm in der Größe. Ist das Geschlecht jedoch nicht dermaßen leicht auszumachen, so kann man versuchen, es anhand der Körperproportionen und kleinerer Unterschiede, wie etwa der Präanalporen, zu ermitteln. Beispielsweise besitzen die Männchen vieler Amphibienarten – zumindest während der Fortpflanzungszeit – am Vorderteil des Körpers (an den Innenseiten der Arme und an der Brust) sogenannte Brunftschwielen. Bei den Echsen weisen sie oftmals eine verbreiterte Schwanzwurzel auf, während

Bei Tieren aus den Gemäßigten Breiten ist die Fortpflanzungsperiode oft von der Jahreszeit abhängig.

Schlangenmännchen teilweise an ihrem längeren Schwanz oder – bei den Riesenschlangen – an den sogenannten Afterspornen (letzten Überbleibseln der Hinterbeine) zu erkennen sind. Die Männchen vieler Schildkrötenarten zeichnen sich durch verlängerte Schwänze, ausgehöhlte Bauchpanzer oder verlängerten Zehenkrallen aus. Um das festzustellen, vergleicht man am besten immer mehrere Tiere einer Spezies. Sichere Kennzeichen für Weibchen fehlen in der Regel, doch sind sie oftmals kompakter gebaut als die Männchen. Meist läßt sich das Geschlecht schon bei einem oberflächlichen Vergleich erkennen.

Ist das jedoch nicht möglich, so bleiben als weitere Alternativen nur noch das Sondieren, die Endoskopie und die Hormonbestimmung. Sie werden häufig bei Reptilienarten angewandt, deren Geschlecht äußerlich nicht erkennbar ist. Leider sind diese Methoden durchweg sehr kostspielig und bei kleineren Arten nur bedingt durchführbar.

Weitere Voraussetzungen für die Zucht

Ist die wichtige Frage geklärt, ob es sich bei unseren Tieren um ein Pärchen handelt, so müssen wir noch eine ganze Reihe weiterer Faktoren beachten, ehe sich die gewünschten Nachzuchten einstellen. So ist es wichtig zu wissen, wie alt unsere Tiere überhaupt sind, denn es kann sein, daß sie entweder noch gar nicht die Geschlechtsreife erreicht haben oder bereits zu alt sind, um sich noch fortpflanzen zu können. Wer daher ganz sicher gehen will, besorgt sich immer junge Nachzuchten.

Trotz all unseren Wissens verstreicht teilweise auch heute noch zwischen Erwerb und erfolgreicher Nachzucht eine erhebliche Zeitspanne. So spielen auch die Harmonie des gepflegten Paares oder der Gruppe und die Eingewöhnung eine gewisse Rolle. Schwierigkeiten bereitet immer wieder das Simulieren der natürlichen Temperatur- und Feuchtigkeitsverhältnisse, besonders bei der Pflege von noch relativ unbekannten Arten. Hier muß man teilweise jahrelang Erfahrungen sammeln und die Haltungsbedingungen immer wieder optimieren. Das liegt unter anderem an den unterschiedlichen Fortpflanzungzyklen der einzelnen Arten, denn nur die wenigsten pflanzen sich das ganze Jahr hindurch fort, aber auch an der erforderlichen Synchronisation der Geschlechter.

Bei den meisten Tieren aus den mittleren und höheren geographischen Breiten ist die Reproduktionsperiode an die Jahreszeit gekoppelt, doch auch die tropischen Arten sind von gewissen zyklischen Veränderungen – wie Regen- und Trockenzeiten oder der täglichen Sonneneinstrahlung – abhängig.

Die meisten sich periodisch fortpflanzenden Arten stammen aus den Gemäßigten Breiten. Sie unterliegen dem Rhythmus der Jahreszeiten und legen durchweg eine mehr oder weniger lange Winterruhe ein. Als eigentliche Auslöser des Fortpflanzungsverhalten kommen die Temperaturveränderungen in Betracht, bei den meisten Arten überdies die Schwankungen der Photoperiode (also die im Jahresverlauf wechselnde Tageslänge). So bewirkt jede Temperaturerhöhung auch eine Steigerung des Stoffwechsels, die wiederum die Reifung der Eier und Spermien auslösen kann.

Die periodische Fortpflanzung stellt an die Terrarienhaltung nicht nur grundsätzliche Anforderungen wie das Nachgestalten der natürlichen Jahrestemperaturschwankungen, die Variation der Beleuchtungsdauer und der Sprühzeiten, sondern erfordert auch die sexuelle Synchronisation der Geschlechter. Werden alle Tiere unter gleichen Bedingungen gehalten, stellt dies in der Regel kein Problem dar, weil alle Tiere gleichzeitig in den Fortpflanzungzyklus eintreten (oder nicht). Schafft man sich aber erst nachträglich ein zweites Tier an, so kann es infolge einer unterschiedlichen

Haltung eventuell ganz anderes gestimmt sein.

Fortpflanzung im Terrarium

Zum Fortpflanzungsverhalten gehören die Balz und die eigentliche Kopulation. Auch hier weisen unsere Terrarientiere eine derart enorme Vielfalt von unterschiedlichen Verhaltensweisen auf, daß wir dieses Thema nur am Rande streifen können. Meistens imponieren die Männchen den Weibchen mit ihrem Farbkleid oder einem bestimmtem Verhalten, um die Paarungsbereitschaft des Geschlechtspartners festzustellen. Ist das Weibchen paarungswillig, so kommt es in der Regel zur Kopulation, die unterschiedlich lang dauern kann. Anschließend gehen beide Partner wieder ihres Weges.

Pflegt man seine Tiere paarweise, so erfolgen Balz und Paarung oftmals unbemerkt. Schwieriger ist es schon, Arten mit kannibalistischer Veranlagung oder einem ausgeprägten Aggressionsverhalten zu verpaaren, da sie grundsätzlich einzeln gepflegt werden müssen. Bei den Wirbellosen – insbesondere Gottesanbeterinnen, Vogelspinnen und Skorpionen – wird man seine Tiere immer bis zur vollständigen Sättigung füttern, ehe man sie zu einem Paarungsversuch vergesellschaftet. Bei einigen Reptilien – insbesondere den Chamäleons – erkennt man die Paarungsbereitschaft oftmals schon am Farbkleid des Weibchens. Fehlen dem Halter derartige Erfahrungen, so muß er es immer wieder probieren und die Tiere des öfteren unter ständiger Beobachtung zusammensetzen. Zeigt das Weibchen beim Anblick eines Männchens dann eine gesteigerte Aggressivität, so müssen die Tiere sofort wieder getrennt werden, und man sollte den Versuch eine Woche später wiederholen.

Etwas anders läuft dieser Vorgang meist bei den Amphibien ab. Hier erfolgt eine sogenannte Außenbefruchtung: die Eier werden erst beim Verlassen des weiblichen Körpers – also meist direkt im Wasser – befruchtet. Nach der Eiablage schenken die Lurche – abgesehen von den Brutpflege betreibenden Arten – ihrer Nachkommenschaft keinerlei Beachtung mehr.

Neben der normalen Fortpflanzung, bei der es zur Befruchtung des Weibchens durch das männliche Tier kommt, tritt auch die Parthenogenese oder Jungfernzeugung auf. Darunter versteht man, daß die Nachkommen nicht aus der Paarung zweier verschiedengeschlechtlicher Individuen einer Art hervorgehen, sondern daß sich aus den Eiern ohne Befruchtung Larven entwickeln können. Alle Nachkommen sind Weibchen und mit ihrer Mutter in genetischer Hinsicht vollkommen identisch. Zu den bekanntesten Beispiele für die Parthenogenese zählen in unseren Terrarien zahlreiche Echsen und Gespenstschrecken sowie einige der Wandelnden Blätter (Phylliidae).

Vorratsbefruchtung und Trächtigkeit

Nach der erfolgreichen Paarung zeigen die Reptilien- und Insektenweibchen einen wesentlich gesteigerten Appetit, besonders innerhalb der ersten Tage. In dieser Zeit sollten die Tiere soviel Nahrung erhalten, wie sie nur zu sich nehmen können, wobei auf eine möglichst hochwertige Zusammensetzung des Futters geachtet werden muß. Auch sollten Vegetarier wegen des erhöhten Proteinbedarfs mehr tierische Nahrung als normal erhalten.

Reptilienweibchen nehmen zur Produktion der Eier häufig Kalk auf, den wir ihnen mit dem Futter anbieten müssen.

Neben dem eigentlichen Freßvorgang kann man die Weibchen nun auch häufig bei der Aufnahme von Kalk in Form von zerstoßener *Sepia*-Schale, Eischale oder Muschelgrit beobachten. Kurze Zeit vor der Eiablage oder Geburt reduzieren beziehungsweise beenden sie die Nahrungsaufnahme und zeigen eine erhöhte Aktivität. Die Dauer der Trächtigkeit kann unterschiedlich lang sein, von etwa 14 Tagen bis zu einem Jahr.

Während dieser Zeit legen die Weibchen auch eine wesentlich gesteigerte Aggressivität an den Tag.

Zahlreiche Terrarientiere verfügen über die Fähigkeit zur Vorratsbefruchtung. Bei diesen zur Spermaspeicherung befähigten Arten reicht oft eine einzige Paarung aus, um mehrere befruchtete Gelege abzusetzen. Beobachtungen im Terrarium zeigten, daß zahlreiche Arten über diese Eigenschaft verfügen – zum Beispiel die meisten Geckos.

Eizeitigung und Aufzucht

Die Eier mancher Reptilienarten dürfen nach der Ablage nicht gedreht werden, da sonst der Embryo abstirbt.

Die Eier oder Gelege sollten immer aus dem Terrarium entfernt werden, damit man sie besser unter Kontrolle hat und sie nicht anderen Terrarienbewohnern oder Futtertieren (Grillen, Schaben und so weiter) zum Opfer fallen. Beim Herausnehmen ist immer äußerste Vorsicht geboten: So muß jedes Reptiliengelege erst vorsichtig freigelegt werden, damit die Oberseite der Eier mit einem weichen Bleistift gekennzeichnet werden kann, um jede relative Lageveränderung zu vermeiden. Für zahlreiche Arten scheint es allerdings keine Rolle zu spielen, ob die Eier bei der Entnahme – oder später während der Entwicklung – gedreht werden. In vielen anderen Fällen aber führt jede Lageveränderung zum Absterben des Embryos.

Die Eier werden in mäßig bis gut durchfeuchtetes Substrat überführt, wobei sich dessen Feuchtigkeitsgrad grundsätzlich nach dem Herkunftsgebiet der Tiere richtet (bei Wüstentieren stets höher als bei solchen aus dem Regenwald). Als Zeitigungssubstrat eignen sich besonders Perlite und Vermiculite; beim Kauf muß man jedoch darauf achten, daß es sich um für die Pflanzenkultur geeignete Varianten handelt, die nicht als Isoliermaterial auf dem Bau gedacht sind. Letztere werden oft mit Imprägniermitteln behandelt, welche die Eischalen auflösen.

Bei Perlite erkennt man den Grad der Substratfeuchte an dem Feuchtigkeitsniederschlag am Dosenrand, während man ihn bei Vermiculite überprüft, indem man es zwischen den Fingern zerdrückt. Niemals darf nicht vom Substrat aufgenommenes Wasser vorhanden sein. Da die genaue Feuchtigkeit nur recht schwierig festzulegen und/oder zu überprüfen ist, empfiehlt es sich, vorher bei einem erfahrenen Terrarianer Rat einzuholen. Im allgemeinen gilt für Vermiculite als Faustregel, daß es ausreichend feucht ist, wenn im Eizeitigungsbehälter kein überschüssiges Wasser mehr vorhanden ist und das Substrat etwas Wasser freigibt, sobald es zwischen den Fingern zerdrückt wird.

Als **Zeitigungsbehälter** eignen sich klarsichtige, dicht schließende Plastikdosen, die jederzeit eine Kontrolle ohne Öffnen des Behälters ermöglichen. Bei Dosen, in denen Vermiculite als Substrat verwendet wird, testet man die Substratfeuchte etwa alle drei Wochen. Gleichzeitig sorgt das Öffnen des Behälters auch für einen ausreichenden Gasaustausch. Stellt man fest, daß im Substrat keine ausreichende Feuchtigkeit mehr vorhanden ist, so muß es nachgefeuchtet werden. Dazu verwendet man vortemperiertes Wasser, das vorsichtig am Dosenrand in den Zeitigungsbehälter gegeben wird, ohne die Eier zu berühren.

Die Zeitigungsdose stellt man nun in einen Inkubator. Je nach Herkunft der Elterntiere sollte die Temperatur im Inneren zwischen 20 und 30 °C liegen. Bei zahlreichen Arten reicht es auch völlig aus, wenn die Dose an einem wärmeren Platz (zum Beispiel in die Nähe von Vorschaltgeräten oder Beleuchtungskörpern) aufgestellt wird, an dem die notwendigen Temperaturen vorherrschen (mit einem Thermometer einige Tage messen). Oftmals sind Jungtiere, die unter schwankenden Wärmeverhältnissen (Tag-Nacht-Gefälle) ausgebrütet wurden, wesentlich agiler als Nachzuchten, die man bei konstanten Werten zeitigte. Dabei handelt es sich häufig um Arten, die ihre Eier nicht besonders tief im Erdreich vergraben.

Auch die Wahl des Inkubators ist von entscheidender Bedeutung, da nicht alle Eier eine starke Oberhitze – wie sie etwa von den Jäger-Brutglucken ausgeht – vertragen. Bei ihnen kann die Oberfläche durch Austrocknung verhärten, so daß die Jungtiere nicht mehr schlüpfen können. Wir empfehlen als Inkubator den Motorbrüter nach Broer & Horn (1985).

Je nach Art 20 bis 360 Tage später ist es dann soweit. Der eigentliche Schlupf kündigt sich meist als Schwitzen der Eier an: Hierbei bilden sich auf der Eioberfläche mitunter zahlreiche kleine Wassertropfen, während das Ei sein Volumen verringert. Mit Hilfe des Eizahns schlitzen die Jungtiere nun die Hülle auf – meist sternförmig an einer Seite, aber teilweise auch durch einen Längsschnitt. Als erstes schieben sie ihre Schnauze ins Freie und verharren so noch einige Zeit, ehe sie – spätestens am nächsten Tag – das Ei ganz verlassen. Während dieser Zeit nehmen sie teilweise noch den Restdotter in die Leibeshöhle auf und stellen ihren Organismus auf die Lungenatmung um. Kaum aus dem Ei, bewegen sich die zahlreiche Jungtiere bereits äußerst flink, so daß sich ihre Entnahme aus dem Zeitigungsbehälter bisweilen gar nicht so einfach gestaltet.

Die **Aufzucht** erfolgt in kleinen Terrarien, deren Einrichtung der bei den erwachsenen Tieren gebräuchlichen nachempfunden wird. In Wüstenbecken reicht es zum Beispiel völlig aus, wenn auf dem Sandboden einige Steinplatten als Versteckmöglichkeiten liegen. Auch die anderen Bedingungen können ähnlich wie jene für die ausgewachsenen Tiere gehalten sein, nur sollten die Tageshöchsttemperaturen immer etwas niedriger liegen, da die Jungen ihren Temperaturregulierungsmechanismus noch nicht voll beherrschen und die kleinen Behälter eher zur Überhitzung neigen.

Wichtig ist es auch, daß in diesen Miniaturterrarien immer ein feuchter Rückzugsplatz vorhanden ist, etwa in einer Ecke unter einem Korkstück. Das gilt auch für Wüstentiere, da die Jungtiere teilweise empfindlich auf allzu große Trockenheit reagieren.

Der **Laich der Amphibien** wird oftmals im Wasser abgelegt und sollte zur weiteren Entwicklung in ein gut belüftetes Aquarium ohne jede Einrichtung überführt werden. Bei den Pfeilgiftfröschen kann man die Überwachung der Eier den Elterntieren überlassen: Sie wässern das Gelege und bringen anschließend die Kaulquappen in eine Wasseransammlung. Je nach Art erfolgt die Aufzucht der Larven später einzeln oder in Gruppen, wobei entsprechend dem Wachstumsstadium alle Beckendimensionen vom Kleinstbehälter bis zu zum Großaquarium Verwendung finden können.

Gefüttert werden die Kaulquappen am besten mit Fischfutter oder ähnlichen Präparaten. Der Übergang vom Leben im Wasser zum Leben an Land bereitet den kleinen Lurchen oftmals Probleme. Damit es in dieser Zeit nicht zu Ausfällen kommt, setzt man die fast zum Abschluß der Metamorphose gelangten Amphibien in ein Terrarium mit einer zweiten, schräg gestellten Bodenscheibe, so daß die Tiere leicht das Wasser verlassen können.

Pfeilgiftfrösche versorgen ihre Eier und Kaulquappen in der ersten Zeit selber.

Krankheiten vermeiden

Für jeden Terrarianer sollte es oberstes Ziel sein, durch artgerechte Haltung und gesunde, ausgewogene Ernährung sowie sorgfältigen Umgang mit seinen Tieren Krankheiten zu vermeiden. In den meisten Fällen sind zahlreiche Erkrankungen auch heute noch auf Haltungsfehler zurückzuführen. Leider kann es jedoch trotz der besten Pflege hin und wieder zu derartigen Problemen kommen.

Unerläßlich bei jeder Anschaffung von neuen, unmittelbar der Natur entnommenen oder aus unbekannter Quelle stammenden Tieren ist die Einhaltung einer **Quarantänezeit** von etwa sechs bis acht Wochen Dauer, denn nur so läßt sich das Einschleppen von Parasiten und anderen Krankheitskeimen vermeiden. Man sollte die Gefahr des Einschleppens dieser unliebsamen Gäste in die eigene Terrarienanlage nicht unterschätzen: Man verliert nämlich unter Umständen nicht nur die Neuerwerbung(en), sondern den gesamten Tierbestand.

Während der Quarantäne werden die Tiere in einem möglichst sterilen und leicht zu säuberndem Terrarium untergebracht. Für kleine Arten sind die im Handel erhältlichen Plastikterrarien völlig ausreichend, nur bei größeren muß man ein spezielles Terrarium verwenden. Als Bodengrund dient Zeitungspapier, das täglich gewechselt wird. Die übrige Einrichtung ist artabhängig und besteht in der Regel aus einem Wassernapf, flachen Steinen und einer Plastikpflanze.

Handelt es sich um Tiere aus dem Handel, so sollten sie erst einmal vorsichtig getränkt werden. Da sie häufig bereits während der Zwischenhalterung in den Herkunftsländern kein Wasser erhalten haben, leiden sie oft stark an Austrocknung. Dem Wasser wird eine für diesen Zweck geeignete Salzmischung beigesetzt. In den nächsten Tagen reduziert man langsam den Salzanteil.

Ebenso vorsichtig beginnt man auch mit der **Fütterung**. Da die Tiere in der Regel ausgezehrt sind, stürzen sie sich mit Heißhunger auf das Futter und verschlingen alles, was ihnen angeboten wird. Da sich aber auch ihre Darmflora meist erst wieder erholen muß, können sie die Nahrung nicht verarbeiten und erbrechen sie, oder sie wird unverdaut ausgeschieden. Gute Dienste leistet hier ein Präparat, das die Darmflora wieder stabilisiert und gleichzeitig den Appetit anregt: Bird Bene-Bac (nur beim Tierarzt erhältlich).

Dem ersten **Kot**, den die Tiere im Quarantänebecken abgesetzt haben, entnimmt man eine Probe, die zur – kostenpflichtigen – Untersuchung an eine der drei unten genannten Untersuchungsstellen geschickt wird. Üblicherweise erkundigt man sich vor dem Versenden nach den Geschäftsbedingungen (wie Verpackung, Versand, Kosten), um unliebsame Überraschungen zu vermeiden. Der Kot sollte auf Krankheitserreger und Parasiten aller Art, auch Amöben, untersucht werden.

Nachfolgend eine Liste der Institute, welche kostenpflichtige Kotuntersuchungen durchführen:
Gleichzeitig bittet man um Behandlungshinweise. Erhält man als Ergebnis

- Veterinärmedizinische Fakultät der Universität Gießen, Frankfurter Str. 87, 35392 Gießen
- Tiergesundheitsamt Hannover, Dr. Röder, Vahrenwalder Str. 133, 30165 Hannover
- GeVo-Diagnostik, Gesellschaft für medizinische und biologische Untersuchungen mbH, Jakobstr. 65, 70794 Filderstadt

der Kotuntersuchung den Befund »negativ«, so schickt man nach drei Wochen eine weitere Kotprobe zur Untersuchung ein, ehe man die Tiere, falls der Befund wieder negativ sein sollte, in das eigentliche Terrarium setzt. Ergibt sich jedoch ein positiver Befund, so behandelt man den Pflegling zunächst – am besten in Kooperation mit seinem Tierarzt – entsprechend der eventuell erhaltenen Anleitung, bevor man erneut eine Kotprobe zur Überprüfung einsendet. Bei den oben genannten Untersuchungsstellen kann man auch um die kostenpflichtige Sektion verstorbener Tiere bitten, wenn deren Todesursache nicht bekannt ist.

Was aber unternehmen, wenn das Tier offensichtlich erkrankt ist? Dann hilft nur noch der schnellstmögliche Weg zu einem mit den Krankheiten der Terrarientiere vertrauten Tierarzt. Gerade in der letzten Zeit haben sich etliche Tiermediziner auch mit Amphibien- und Reptilienkrankheiten beschäftigt, so daß sie uns erfolgreich weiterhelfen können.

Die Namen und Adressen von derart bewanderten Spezialisten erfragt man am besten in Zoos, bei den oben erwähnten Untersuchungsstellen, dem eigenen Tierarzt, der DGHT oder der nächsten DGHT-Stadtgruppe.

Der Wissensstand über Krankheiten auf dem Gebiet der Wirbellosen ist noch sehr lückenhaft, da die Frage der Behandlung offenbar weitgehend unbearbeitet blieb und die Forschung auf diesem Sektor im allgemeinen bislang völlig vernachlässigt wurde.

Pflegen heißt, Verantwortung für Lebewesen zu übernehmen!

Die in diesem Buch erteilten Ratschläge und Hinweise gehen von dem Grundsatz aus, daß es erforderlich ist, alle im Terrarium gehaltenen Lebewesen – Wirbellose, Amphibien und Reptilien, aber auch Pflanzen – unter ihnen zusagenden Bedingungen zu pflegen.

Bei einem Terrarium – und erst recht bei seinen Bewohnern – handelt es keineswegs sich um »Kinderspielzeuge«. Unsere Pfleglinge entwickeln sich um so besser, je weniger man im Behälter herumspielt. Oft sind sie recht streßempfindlich und vertragen es auf keinen Fall, hin und wieder – insbesondere ohne vernünftigen Grund, zum Beispiel nur zwecks Zurschaustellung – aus ihrem Behälter genommen zu werden.

Dennoch sind Terrarien wichtig für Kinder, da das Leben der Wirbellosen, der Amphibien und der Reptilien ihnen anschaulich Einsichten in die verschiedensten Lebensvorgänge vermitteln kann und sie so zum Beobachten angeregt werden. Das allerdings verpflichtet die Eltern, jene Wertbegriffe, die sie ihren Kindern vermitteln wollen, auch selbst vorzuleben, denn unsere Nachkommen wachsen in eine Zeit hinein, in der die Erhaltung unserer Umwelt eine noch größere Rolle als bisher spielen wird. Nicht zuletzt deshalb müssen auch die verschiedenen Arten- und Tierschutzbestimmungen immer eingehalten werden. Jedem näher an dieser Thematik Interessierten sei das BNA-Handbuch empfohlen.

Zum »Terrarianer« wird man zwar nicht durch das Lesen von Ratschlägen, aber wir hoffen, daß einige der hier vermittelten Tips aus der Praxis Ihnen viel Zeit, Aufwand, Enttäuschung und Ärger ersparen. Sicher ist das eine oder andere für sie selbstverständlich, und vielleicht vermissen Sie auch diese oder jene Information, doch wir glauben, daß gerade das Nachvollziehen der natürlichen Lebensbedingungen und eine ausgewogene Ernährung Grundlage jeder erfolgreichen Pflege von Terrarientieren sind.

Einhundertzwanzig interessante Terrarientierarten haben Sie jetzt kennengelernt, und gemeinsam haben wir uns Gedanken über die Pflege des Terrariums gemacht. Welche Art Sie sich jetzt aussuchen werden, wissen wir nicht. Jetzt sind Sie an der Reihe – viel Erfolg dabei!

Adressen

Deutsche Gesellschaft für Herpetologie
und Terrarienkunde e. V. (DGHT)
Geschäftsstelle
Postfach 1421
D-53351 Rheinbach

Herpetologische Terraristische
Vereinigung Österreichs (HTVÖ)
Geschäftsstelle
Gärtnergasse 8/16
A-1030 Wien

Verband Deutscher Vereine für Aquarien- und Terrarienkunde e. V. (VDA)
Geschäftsstelle
Luxemburger Str. 16
D-44789 Bochum

Bundesverband für fachgerechten
Natur- und Artenschutz e.V. (BNA)
Am Friedhof 4
D-76707 Hambrücken

Literatur

Die nachstehend aufgeführten Bücher und Zeitschriften haben wir für dieses Buch verwendet, oder sie sollen Ihnen bei der Suche nach Spezialliteratur weiterhelfen.

Bücher:

Adrian, C. (1980): Schildkröten. Franckh'sche Verlagshandlung, Stuttgart.

Aleven, J. M. (1970): Alles über das Terrarium. Alfred-Kernen-Verlag, Stuttgart.

Bech, R., & U. Kaden (1990): Vermehrung von Terrarientieren. Echsen. Urania-Verlag, Leipzig.

Bechtle, W. (1971): Bunte Welt im Terrarium. Kosmos-Verlag, Stuttgart.

Beck, P. (1992): Aquarien-ABC. Kosmos-Verlag, Stuttgart.

Blauscheck, R. (1988): Das Paludarium. Landbuch-Verlag, Hannover.

BNA (1987): Das neue Artenschutzrecht. BNA, Köln.

Böhme, W. (Hrsg.) (1981–1995): Handbuch der Reptilien und Amphibien Europas. Band I bis III. Akademische Verlagsgesellschaft, Wiesbaden.

Brockhaus: »Länder und Klimate«

Broer, W., & H. G. Horn (1985): Erfahrungen bei Verwendung eines Motorbrüters zur Zeitigung von Reptilieneiern. Salamandra 21 (4): 304–310.

Brünner, G. (1981): Terrarienpflanzen, richtig gepflegt. Kosmos-Verlag, Stuttgart.

Bücherl, W. (1962): Südamerikanische Vogelspinnen. Ziemsen-Verlag, Lutherstadt Wittenberg.

Cogger, H. G. (1975): Reptiles and Amphibians of Australia. Reed, London.

– & R. G. Zweifel (1992): Reptilien und Amphibien. Jahr-Verlag, Hamburg.

Duellmann, W. E., & L. Trueb (1986): Biology of amphibians. McGraw-Hill, New York.

Engelmann, W.-E., & F. J. Obst (1981): Mit gespaltener Zunge. Herder-Verlag, Freiburg, Basel, Wien.

–, F. Fritsche, R. Günther & F. J. Obst (1985): Lurche und Kriechtiere Europas. Neumann-Verlag, Radebeul.

Ernst, C. H., & R. W. Barbour (1989): Turtles of the World. Smithsonian Institution Press, Washington.

Fischer, J. v. (1884): Das Terrarium – Seine Bepflanzung und Bevölkerung. Verlag von Mahlau & Waldschmidt, Frankfurt.

Friederich, U., & W. Volland (1997): Futtertierzucht. Verlag Eugen Ulmer, Stuttgart.

Friedrich, E. (1983): Handbuch der Schmetterlingszucht. Franckh'sche Verlagsbuchhandlung, Stuttgart.

Fritzsche, J. (1981): Das praktische Terrarienbuch. Urania-Verlag, Leipzig, Radebeul.

Gabrisch & Zwart (1985): Krankheiten der Heimtiere. Schlütersche Verlagsbuchhandlung, Stuttgart.

Geus, A. (1978): Schlangen. Albrecht Philler Verlag, Minden.

Griehl, K. (1987): Schlangen. Riesenschlangen und Nattern im Terrarium. Gräfe & Unzer, München.

Habermehl, G. (1983): Gift-Tiere und ihre Waffen. Springer-Verlag, Berlin.

Hausschild, A., & A. Garms (1995): Skinke im Terrarium. Landbuch-Verlag, Hannover.

Henkel, F. W., & S. Heinecke (1993): Chamäleons im Terrarium. Landbuch-Verlag, Hannover.

– & W. Schmidt (1991): Geckos. Verlag Eugen Ulmer, Stuttgart.

– & – (1995): Farbatlas der Amphibien und Reptilien Madagaskars, der Komoren, der Seychellen und der

Maskarenen. Verlag Eugen Ulmer, Stuttgart.
– & – (1997): Terrarien – Bau und Einrichtung. Verlag Eugen Ulmer, Stuttgart.
Heselhaus, R. (1984): Pfeilgiftfrösche. Verlag Eugen Ulmer, Stuttgart.
Ippen, R., H. D. Schröder & K. Elze (1985): Handbuch der Zootierkrankheiten, Band 1: Reptilien. Akademie-Verlag, Berlin.
Isenbügel, E., & W. Frank (1985): Heimtierkrankheiten. Verlag Eugen Ulmer, Stuttgart.
Jahn, J. (1972): Schildkröten (Lehrmeister-Bücherei). Albrecht Philler Verlag, Minden.
– (1978): Kleine Terrarienkunde (Lehrmeister-Bücherei). Albrecht Philler Verlag, Minden.
Jarofke, D., & J. Lange (1993): Reptilien, Krankheiten und Haltung. Paul Parey, Hamburg.
Jes, H. (1987): Echsen als Terrarientiere. Gräfe & Unzer, München.
Jocher, W. (1974): Schildkröten. Franckh'sche Verlagshandlung, Stuttgart.
– (1975): Futter für Vivarientiere. Franckh'sche Verlagshandlung, Stuttgart.
Kästle, W. (1972): Echsen im Terrarium. Franckh'sche Verlagshandlung, Stuttgart.
Kahl, B., P. Gaupp und G. Schmidt (1980): Das Terrarium. Falken-Verlag, Niederhausen.
Kallas, S., M. Meyer, W. Schmidt & R. Lippe (1996): Kleintiere im Terrarium. Landbuch-Verlag, Hannover.
Klaas, P. (1989): Vogelspinnen im Terrarium. Verlag Eugen Ulmer, Stuttgart.
Kleinsteuber, E. (1989): Kleintiere im Terrarium. Urania-Verlag, Leipzig-Jena-Berlin.
Klingelhöffer, W. (1957 a): Terrarienkunde I, Allgemeines und Technik. Alfred Kernen Verlag, Stuttgart.
– (1957 b): Terrarienkunde II, Lurche. Alfred Kernen Verlag, Stuttgart.
– (1957 c): Terrarienkunde III, Echsen. Alfred Kernen Verlag, Stuttgart.
– (1957 d): Terrarienkunde IV, Schlangen, Schildkröten, Panzerechsen und Reptilienzucht. Alfred Kernen Verlag, Stuttgart.
Köhler, G. (1992): Der Grüne Leguan. Selbstverlag, Hanau.
– (1993): Schwarze Leguane. Selbstverlag, Hanau.
– (1993): Basilisken. Selbstverlag, Hanau.
König, R. (1983): Schlangen. Über Bau und Leben faszinierender Tiere. Zoologisches Museum der Christian-Albrechts-Universität, Kiel.
Lilge, D., & H. v. Meeuwen (1979): Grundlagen der Terrarienhaltung. Landbuch-Verlag, Hannover.
Lippe, R., D. Mahsberg, W. Schmidt, S. Kallas & M. Meyer (1998): Skorpione. Natur-und-Tier-Verlag, Münster.
Manthey, U., & N. Schuster (1992): Agamen (Terrarien-Bibliothek). Natur- und-Tier-Verlag, Münster.
Masurat, G., & W. R. Große (1991): Lurche. Urania-Verlag, Leipzig.
Matz, G., & M. Vanderhaege (1980): BLV Terrarienführer. BLV-Verlaggesellschaft, München.
Meyer, M., & G. Schmidt: (1997): Stachelleguane. Natur-und-Tier-Verlag, Münster.
Müller, M. J. (1983): Klima-Handbuch ausgewählter Klimastationen der Erde. Universität Trier.
Müller, V., & W. Schmidt (1995): Landschildkröten. Natur-und-Tier-Verlag, Münster.
– & – (1995): Schildkröten im Gartenteich. Natur-und-Tier-Verlag, Münster.
Necas, P. (1995): Chamäleons – Bunte Juwelen der Natur. Edition Chimaira bei Bücher-Kreth, Frankfurt.
Nietzke, G. (1980): Die Terrarientiere. Band II. Verlag Eugen Ulmer, Stuttgart.
– (1984): Fortpflanzung und Zucht der Terrarientiere. Landbuch-Verlag, Hannover.
– (1992): Die Terrarientiere. Band I. Verlag Eugen Ulmer, Stuttgart.

Nöllert, A. (1987): Schildkröten. Landbuch-Verlag, Hannover.
Obst, F. J. (1980): Schildkröten. Aquarien-Terrarien-Ratgeber (AT), Reihe 12. Urania-Verlag, Leipzig, Jena, Berlin.
– (1985): Die Welt der Schildkröten. Edition Leipzig, Leipzig.
– & W. Meusel (1978): Die Landschildkröten Europas (Die Neue Brehm-Bücherei). Ziemsen-Verlag, Lutherstadt Wittenberg.
–, K. Richter & U. Jacob (1984): Lexikon der Terraristik und Herpetologie. Landbuch-Verlag, Hannover.
Petzold, H. G. (1982): Aufgaben und Probleme bei der Erforschung der Lebensäußerungen der Niederen Amnionten (Reptilien). Berliner Tierpark-Buch Nr. 38.
Polis, G. L. (1990): The Biology of Scorpions. Stanford University Press, Stanford
Rau, W. (1981): Bromelien. Verlag Eugen Ulmer, Stuttgart.
Rimpp, K. (1990): Das Terrarium. Verlag Eugen Ulmer, Stuttgart.
Rogner, M. (1992): Unser erstes Terrarium. Franckh-Kosmos, Stuttgart.
– (1992): Echsen I. Verlag Eugen Ulmer, Stuttgart.
– (1994): Echsen II. Verlag Eugen Ulmer, Stuttgart.
Rudloff, H. W. (1990): Vermehrung von Terrarientieren. Schildkröten. Urania Verlag, Leipzig.
Schmidt, D. (1979): Schlangen im Terrarium (AT-Ratgeberreihe). Urania-Verlag, Leipzig, Jena, Berlin.
Schmidt, G. (1980): Spinnen. Albrecht-Philler-Verlag, Minden.
– (1984): Skorpione und andere Spinnentiere. Landbuch-Verlag, Hannover.
– (1986): Vogelspinnen. Lebensweise, Bestimmungsschlüssel, Haltung und Zucht. Landbuch-Verlag, Hannover.
– (1994): Haltung und Zucht von Pfeilgiftfröschen. Herpetologischer Fachverlag, Münster.
Schmidt, W. (1995): Kornnattern (Terrarien-Bibliothek). Natur-und-Tier-Verlag, Münster.
– & F. W. Henkel (1995): Leguane. Verlag Eugen Ulmer, Stuttgart.
– & – (1995): Pfeilgiftfrösche im Terrarium. Landbuch-Verlag, Hannover.
– & – (1997): Agamen im Terrarium. Landbuch-Verlag, Hannover.
–, K. Tamm & E. Wallikewitz (1996): Chamäleons. Natur-und-Tier Verlag, Münster.
Schulte, R. (1980): Frösche und Kröten. Verlag Eugen Ulmer, Stuttgart.
Schulten, D. (1995): Wandelnde Blätter, Stab- und Gespenstschrecken (Entomologische Mitteilungen aus dem Löbbecke-Museum, Beiheft 3). Düsseldorf.
Seifert, G. (1961): Die Tausendfüßer (Diplopoda) (Die Neue Brehm-Bücherei). Ziemsen-Verlag, Lutherstadt Wittenberg.
Seufer, H. (1985): Geckos. Landbuch-Verlag, Hannover.
Stettler, P. H. (1978): Handbuch der Terrarienkunde. Franckh'sche Verlagsbuchhandlung, Stuttgart.
Thissen, R., & H. Hansen (1996): Königsnattern. Terraristik Aktuell, Hamburg.
Trutnau, L. (1988): Schlangen im Terrarium. Band 1. Ungiftige Schlangen. Verlag Eugen Ulmer, Stuttgart.
– (1994): Terraristik. Verlag Eugen Ulmer, Stuttgart.
– (1998): Schlangen im Terrarium. Band 2. Giftschlangen. Verlag Eugen Ulmer, Stuttgart.
Vogt, D., & H. Wermuth (1961): Knaurs Aquarien- und Terrarienbuch. Droem. Verlagsanst, München-Zürich.
Webb, A. (1992): Vogelspinnen (Terrarien-Bibliothek). Natur-und-Tier-Verlag, Münster.
Wengler, W. (1994): Riesenschlangen. Natur-und-Tier-Verlag, Münster.
Werning, H. (1995): Wasseragamen (Terrarien-Bibliothek). Natur-und-Tier-Verlag, Münster.
Wilke, H. (1982): Schildkröten. Gräfe & Unzer, München.
Wilms, T. (1995): Dornschwanzagamen. Herpeton-Verlag, Offenbach.
Wyniger, R. (1974): Insektenzucht. Methoden der Zucht und Haltung

von Insekten und Milben im Laboratorium. Verlag Eugen Ulmer, Stuttgart.
Zimmermann, E. (1983): Das Züchten von Terrarientieren. Franckh'sche Verlagsbuchhandlung, Stuttgart.
Zimmermann, H. (1982): Futtertiere von A–Z. Franckh'sche Verlagshandlung, Stuttgart.
– (1978): Tropische Frösche. Kosmos-Verlag, Stuttgart.

Zeitschriften:

Die Aquarien- und Terrarienzeitschrift (DATZ). Ulmer Verlag, Wollgrasweg 41, D-70599 Stuttgart.
Reptilia. Natur-und-Tier-Verlag, Grevener Str. 163, D-48159 Münster.
Herpetofauna. Herpetofauna-Verlags-GmbH, Postfach 1110, D-71365 Weinstadt.
Elaphe. DGHT-Geschäftsstelle, Postfach 1421, D-53351 Rheinbach.
Salamandra. DGHT-Geschäftsstelle, Postfach 1421, D-53351 Rheinbach.

Register

Bildquellen

Zeichnungen:
Manfred Klinkhardt, Delbrück.

Fotos:
Bernd Eichmann, Ahlen: Seite 54 oben, 56 Mitte, 57 oben.
Friedrich Wilhelm Henkel, Bergkamen: Seite 2, Seite 7 unten, Seite 8 unten, Seite 16, Seite 17 unten, 18 oben, 19 oben und unten, 22 oben und unten, 23 oben, 24 Mitte, 25 unten, 26 Mitte, 27, 28, 29 Mitte und unten, 30 oben und unten, 31, 32, 33 oben und Mitte, 34 Mitte, 35 oben, 36 unten, 37 oben, 38 unten, 40, 41, 42 ojben und unten, 43 oben und unten, 44 unten, 45 oben und Mitte, 46 oben, 48, 49, 50, 51 oben, 52 oben, 53, 54 Mitte, 55, 56 oben, 60 Mitte, Titelbild.
Klaus Liebel, Herne: Seite 30 Mitte.
Wolfgang Schmidt, Soest: Seite 17 oben und Mitte, 18 unten, 19 Mitte, 20, 21, 22 Mitte, 23 Mitte und unten, 24 oben und unten, 25 oben und Mitte, 26 oben und unten, 29 oben, 33 unten, 34 oben und unten, 35 unten, 36 oben und Mitte, 37 unten, 38 oben und Mitte, 39, 42 Mitte, 43 Mitte, 44 oben und Mitte, 45 unten, 46 Mitte und unten, 47, 51 unten, 52 unten, 54 unten, 56 unten, 57 Mitte und unten, 58, 59, 60 oben und unten.